はしがき

2024年8月8日16時42分頃、日向灘でM7・1の地震が発生した。同地域で発生したほぼ半世紀ぶりのM7クラスの大地震ではあったが、過去にも同じような地震は起きており、日向灘での定常的な地震活動と私は考えていた。

ところが地震発生から2時間以上が経過した19時ごろ、気象庁から「巨大地震注意」が発表された。「想定震源域内で、南海トラフ沿いの巨大地震が発生する可能性がある」という推定であった。

日向灘で起きたM7クラスの大地震と南海トラフ沿いで起きる巨大地震の関係を、気象庁の発表通りに理解できた日本国民がどのくらいいたかはわからないが、おそらくはほとんどの人は、急に「巨大地震発生」の可能性を知らされ、困惑したと思う。

発表の記者会見をした気象庁および関係の評価検討会の専門家の説明も、なんとなく歯切れが悪かった。正直過去に発生した日向灘地震と南海トラフ沿いの東海、東南海、南海地震の関連を指摘した研究がどの程度あったかは知らないが、その関係は地震予知・予測の面からはほとんど議論されていなかったと思う。発表されて以来1週間、少なくともNHKテレビの画面には常に「巨大地震注意」の6文字が示され続けた。

正直、私は専門家の多くが「既存のルートに従って「注意」を出したが、実際には巨大地震は発生しないだろう」と考えていたのではないかと、邪推していた。

発表された「注意」がそのような混乱を引き起こした原因は、「注意」の中に「地球の寿命」で起きる現象と、「人間の寿命」で起きる現象とが混在しているからである。いくら「巨大地震が起きる」「巨大地震が発生する」と叫んでも、地球の寿命での現象なら、会見で説明する関係者も「まあ起きないだろう」と思いながら話すので、その説明には迫力に欠ける。

一般にその違いが理解されていないので、「巨大地震注意」は「何か変」という疑問を多くの人が抱いたのであろう。そのパズルを解き、対策を示したのが本書である。日本が「地震に成熟した社会の形成」がなされている国になる一助に役立てば幸いである。

神沼 克伊

目次

第6章　結論

第1章 日向灘地震

1 日向灘地震の発生

２０２４年8月8日16時42分頃、宮崎県沖の日向灘を震源とするM７·１の地震が発生した。震源は宮崎市の東南東30㎞付近（北緯31度44・2分、東経１３１度43・３分、M７·１）で、深さは31㎞で、宮崎港に50㎝の津波が記録された。最大震度は日南市の6弱、震度5強が宮崎市、都城市、鹿児島県大崎町などで、軽微ながら被害が発生した。いくつかの余震も続いた。

地震発生を知ったときの私の感想は「ようやく起きたか。被害も大きくはなく、日向灘ではときどき発生を繰り返している典型的な本震—余震型の地震で、有感地震活動も1週間から10日間程度で終息する」であった。その後気象庁発表の地震活動を見ても、私の予想通りに推移していた。私ばかりでなく、同世代の地震学者なら同じような感覚のはずである。

私は１９７０年から１９７４年4月まで、東京大学地震研究所・霧島火山観測所に勤務していた。その頃の宮崎県は霧島山系の火山噴火や周辺の地震活動が比較的活発な時期で、県としてもその対策に神経をとがらせていたようだ。１９５９年の霧島山系・新燃岳の水蒸気噴火、１９６１年の「日向灘地震」（北緯31度36分、東経１３１度51分、深さ40㎞、Ｍ７・０）の発生、１９６８年２～５月の「えびの群発地震」（Ｍ５・７、Ｍ６・１、Ｍ５・６、Ｍ５・７、Ｍ５・４と5回の中規模地震を主震群とする群発地震、死者３名、全壊住家47棟）、１９６８年４月１日に「１９６８年日向灘地震」（北緯32・４度、東経１３２・４度、Ｍ７・５、高知、愛媛で被害大、負傷57名、住家全壊２棟、半壊38棟など）などが続いていた。

このような災害発生時、地震研究所の県やマスコミへの対応は、当然教授や助教授の仕事であったが、地方の観測所では唯一滞在している地震研究者の助手の仕事であった。上述の背景があり、私も赴任草々、県関係者とも接触せざるを得なくなった。

1年もすると、霧島山系の地震活動は大体理解できたので、県の職員に対しては以下のように話をしていた。

1、地震を予知することは不可能である。ただ何となくいつもとは違う地震活動が発生しているということは、ときたま経験する。
2、したがって、もしこのような異常が表れたら、すぐ連絡するから、そのような場合は、さりげなく、「地震の揺れを感じたら、慌てないで、その場で揺れがやむのを待つ」「そしてもし火を使っていたら、可能な限り消す」というような情報を発信して注意を喚起するのが良い。

とにかくさりげなく地震発生時の為すべき行動を広報することにし、その基本はあわてないことだった。実際、私の在任中は火山活動も地震活動も静かで、防災面では大過なく過ごせていた。離任に当たり県知事や関係者から感謝された。

そんな経験から、私は首都圏に住むようになってからも、日向灘地震には特に注意していた。その後も日向灘ではＭ６クラスの地震はときたま発生していたが、Ｍ７クラスの大地震は、１９６８年以来発生していなかった。２０２４年8月8日のＭ７．１の発生はおよそ半世紀ぶりの出来事であった。したがって、私にとっては「久しぶりに、やっと起こったな」という感じで、被害も軽微で、余震も10日間程度で終息するだろうから、大事にならず良かったと、ごく普通の感想を持っていた。

ところが気象庁の対応は、全く予想外の事だった。当時の国の組織を私は十分に理解していなかったこともあり、混乱した。報道によると気象庁は、発生した日向灘地震は一定の規模を超え、東海から九州の太平洋沖に広がる南海トラフ地震の「想定震源域」で発生したので、評価検討会を招集するという。この評価検討会を私は２０１７年に発表された「実際に東海地震を予知することは難しいから、事前に発せられるはずの「警戒宣言」は不可能である、警戒宣言の発令を受けて地震に備えるというシナリオは無くなり、大地震は突然襲ってくるからそのつもりで対応するように」と「大規模地震対策特別措置法（大震法）」の方向転換に際し、気象庁が召集して開催する「地震評価検討委員会」と混同してしまったようだ。この委員会ではもし観測データに異常が見られれば、「南海トラフ地震に関連する情報」というような臨時情報を知らせ、住民に注意を呼び掛けることになっていた（２０２４年でもそうだと解釈していた）。したがって、日向灘地震は過去の例から南海トラフ沿いの巨大地震とは無関係に発生しているので、委員会の召集は理解できなかったのだ。

しかし、当時の私の理解は時代遅れで、気象庁は２０１１年以来何回か出されていた、南海トラフ沿いの巨大地震の推定震源域は拡張され、ついに日向灘まで含まれていたのである。気象庁としてはその想定震源域内のＭ７クラスの地震が発生したので、評価検討会を招集し、「巨大地震注意」が発表された。制度導入後、このような注意の発表は初めてではあったが、気象庁はルールにのっとり、粛々と検討され、発表されたがそのプロセスにはどこにも誤りはなかった。ただ私ばかりでなく多くの国民が、この注意を理解できなかったようだ。当日から私は「何か変だ」と考え続けていた。その結果をまとめたのが本書である。

2　過去の日向灘地震

日向灘地震について私は「図説日本の地震」（東京大学地震研究所研究速報第９号、神沼他、１９７３）にまとめている。

2　過去の日向灘地震

表1　日向灘地震のリスト

	日付	北緯	東経		
1662（寛文 元）	10 31	31.7°N	132.0°E	M7.6	日向・大隅「外所《とんどころ》（津波 4~6m。 「宮崎県沿岸 7 ケ村周囲 7 里 35 町没して海となる」 歴史上最大に被害を伴った日向灘地震
1769（明和 6）	8 29	31.9°N	132.0°E	M7.4	日向・豊後津波 2m
1899（明治 32）	11 25	31.9°N	131.4°E	M7.6	宮崎付近 3h43m と 55m の 2 回
1909（明治 42）	10 10	32.1°N	133.1°E	M7.9	
1913（大正 2）	4 13	32.0°N	132.0°E	M7.1	
1931（昭和 6）	11 2	32.2°N	132.1°E	M6.6	津波 85cm
1939（昭和 14）	3 20	32.3°N	131.7°E	M6.6	津波 44cm
1941（昭和 16）	11 19	32.6°N	132.1°E	M7.4	発光現象、津波 2m
1961（昭和 36）	2 27	31.6°N	131.8°E	M7.0	発光現象、津波 1m 以下
1968（昭和 43）	4 1	32.3°N	132.5°E	M7.5	津波 2m
1970（昭和 45）	7 26	32.1°N	132.0°E	M6.7	
1987（昭和 62）	3 18	32.0 °N	132.1°E	M6.8	

　日向灘一帯は地震の多発地帯で、震源が海底にあるため、津波を伴った地震が発生する。その主な地震は表1の通りである。

　1885~1970年の85年間に表1に示してある地震を含めM7以上の大地震が5回、M6~6・9が36回起きている。その震央分布図を図1に示す。これらの地震で被害を受けるのはほとんどは九州東沿岸の大分、宮崎、鹿児島であるが、1968年のように、四国の愛媛、高知に被害が大きかった例もある。

図１
1885〜1970年、日向灘に発生したマグニチュード６以上の地震の震央分布図

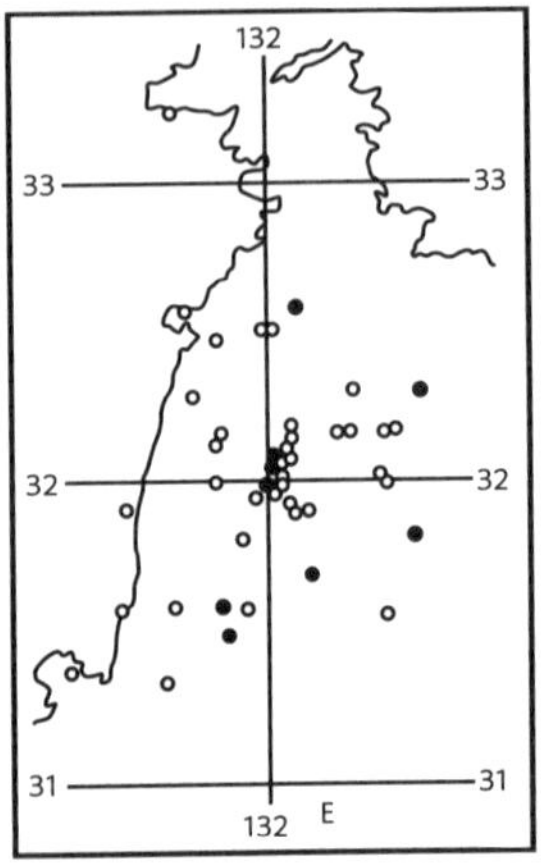

また図２には１９６１年の日向灘地震の震度分布、図３は同じ地震の「宮崎地方気象台で計測した日別余震回数」、さらに図４には余震の震央分布を示した。余震のほとんどは有感地震だと推測できるが、その余震活動は１週間程度で終わっている。日向灘で発生するいわゆる日向灘地震は、このように本震―余震型で、その余震活動も１週間から10日で終わるというのが、多くの地震学者が持っている、あるいは持っていた「日向灘地震」のイメージである。

これらの地震は日向灘で起き、それに続き、その後に南海トラフ沿いの地震の起きた例は皆無であった。あえて探せば１６０５年の慶長の南海トラフ沿いの地震の後、１６６２年には外所《とんどころ》地震（Ｍ７・６）が

図2　1961年日向灘地震（M 7.0）の震度分布

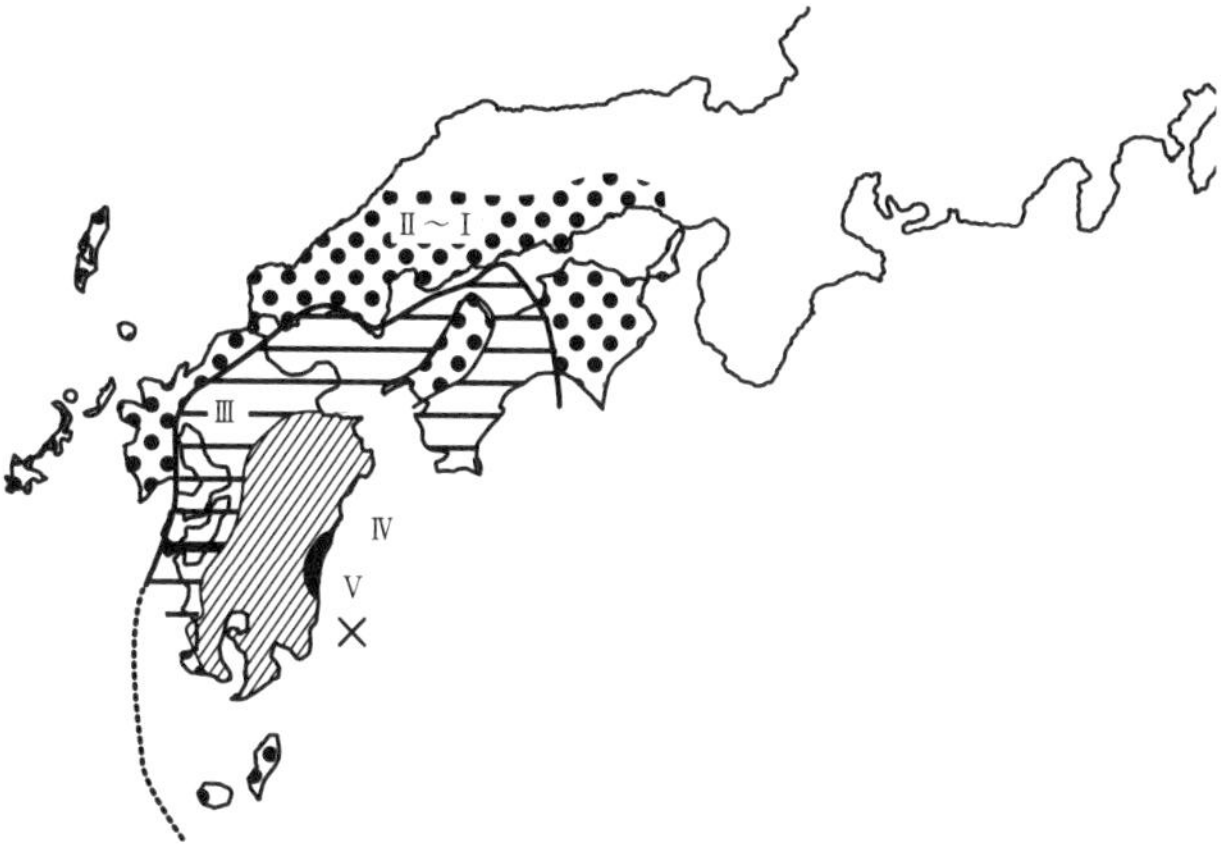

図3　1961年日向灘地震の宮崎地方気象台における日別余震分布

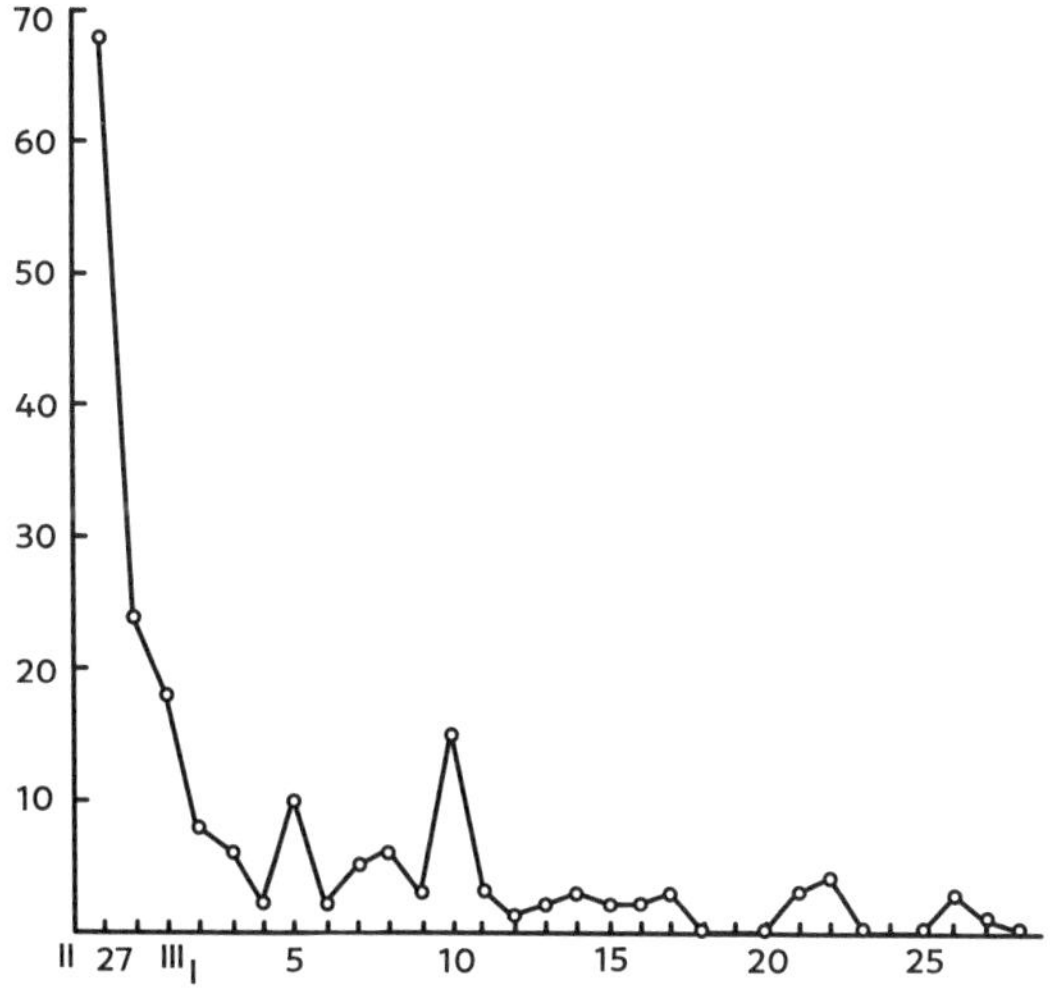

図４
1961 年日向灘地震の気象庁が決めた
主震および余震の震央分布

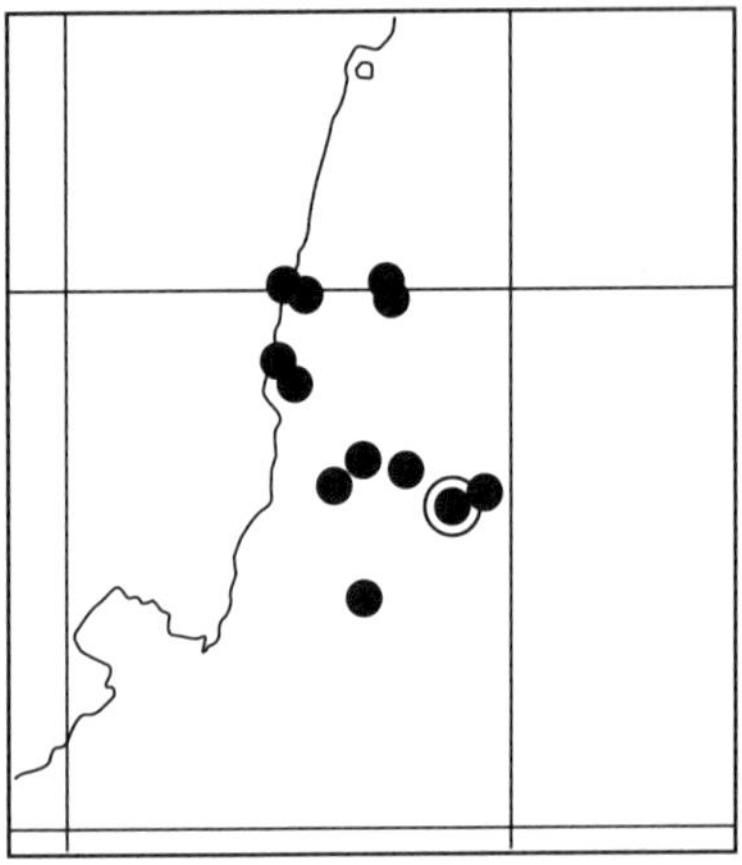

発生した。宝永の東海・東南海地震の１７０７年の後には１７６９年の地震（Ｍ７・４）、１８５４年の東海・東南海地震では１８９９年に短時間で２回の日向灘地震が発生した例が認められる。１９４４、１９４６年の昭和の東南海、南海地震では、日向灘地震の数は多いが顕著な関係は認められない。どんなに関連を結び付けようとしても、日向灘地震の後に、南海トラフ沿いの巨大地震の発生は認められていない。
以上のような既成概念を持つ私

は、「巨大地震注意」の発令当初から、日向灘地震が南海トラフ巨大地震発生の兆候になるとは理解できないでいた。

第2章
南海トラフ地震臨時情報

１　南海トラフ地震の想定震源域の変化

南海トラフ沿いの巨大地震に対しては、１９７９年に中央防災会議が想定している東海地震の震源域として、駿河湾中部から西部域を指定したのに始まる（「地震予知と社会」神沼・平田監修、古今書院、２００３）。その後、新たな地域として遠州灘沖合まで含む茄子型の地域が想定された（図5、東海地震の震源域参照）。

政府は南海トラフ沿いに発生する最大級の地震として、１７０７年の「宝永の南海・東海地震」（M8･6）クラスを想定し、２００３年には震源域を想定し、想定震度分布も作成された。２０１１年3月11日に東北地方太平洋沖地震（M9･0）が発生し、南海トラフ沿いの地震に対しても、最大級の見直しがなされた。その結果が２０１２年8月末に発表され、さらに２０１３年3月には被害額の想定が発表された。

２０１２年8月に発表された想定・超巨大地震は「南海トラフ巨大地震」と称され、何故か最初からM9･1の地震を想定している。そして、この地震の震源はどの地域

図５
１９７９年中央防災会議による東海地震の想定震源域と
２００１年に新改定された新たな想定震源域

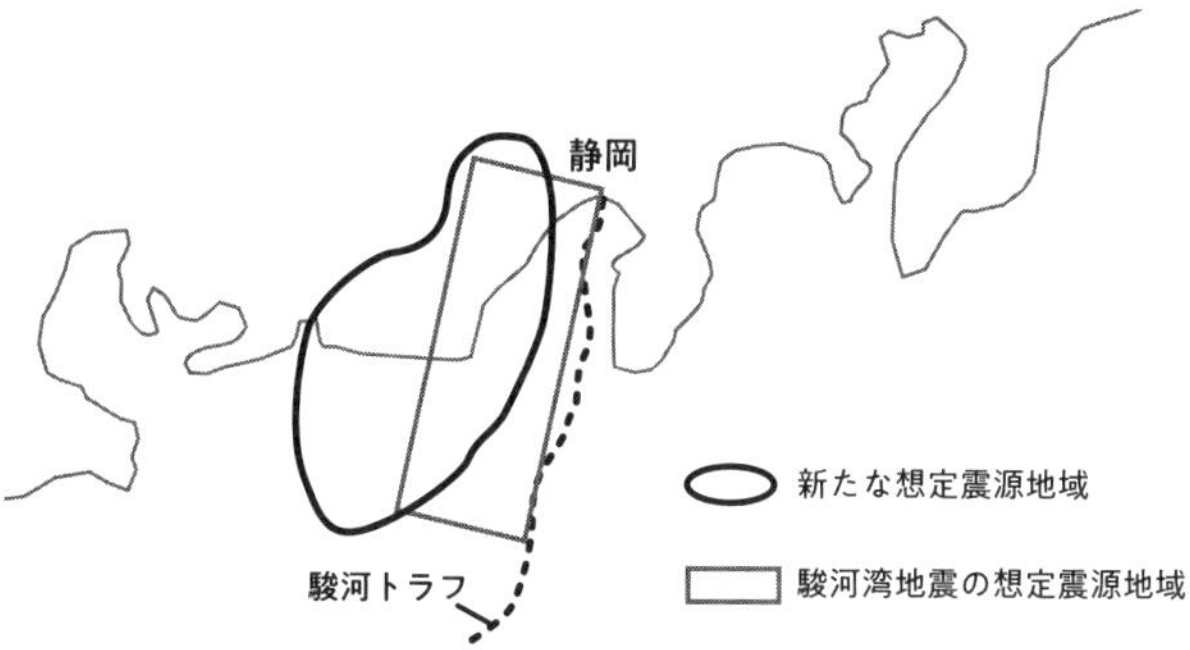

になるかを想定し、各地で「どんな揺れになり、どの程度の津波が襲来するか」を検討し、それらの揺れや津波の襲来によって、「どのような被害が発生するか」の被害想定がなされていった。

その結果、東海地方から西日本一帯の太平洋岸ばかりでなく、過去の南海トラフ沿いの地震では考えられなかった内陸地域でも壊滅的な被害が発生すると想定された。高知県黒潮町では津波の襲来がそれまでの10ｍから34ｍになり、地震による死者は32万名になるという。関東大震災の3倍以上の死者数である。

これまでの史上最大の死者を出した

１９７６年の中国・唐山地震（Ｍ７・８）の死者数が24万名であるから、その数の多さに日本中が驚かされた。内陸で発生した唐山地震に対し、南海トラフ沿い地震の震源域は海洋域なのに、多数の死者が想定されている。もちろん津波による死者も多数が含まれる。

私はこの一連の発表は、東日本大震災の発生で、常に「最悪のシナリオ」を考えなければならないという、Ｍ９シンドロームの結果だと主張し続けている。Ｍ９シンドロームは拙著（『首都圏の地震と神奈川』前出）で紹介して以来、世間で示される「最悪のシナリオ」への1つの警鐘として、使い続けている。

Ｍ９・1の地震の震源域は、宝永地震の震源域を参考に作成された２００３年の被害想定をさらに拡大するように設定された。震源域の南側は駿河湾の富士川河口の駿河トラフから南海トラフ沿いに九州東岸沖にまで延びている。富士川河口はフォッサマグナ、つまり太平洋側の富士川から日本海側の糸魚川に延びる北アメリカプレートとユーラシアプレートの境界の南端である。震源のこの海洋域での拡大により、津波の発生領域が拡大し、大きな津波が発生する予測となった。

図6　南海トラフ沿いの超巨大地震の想定震源域

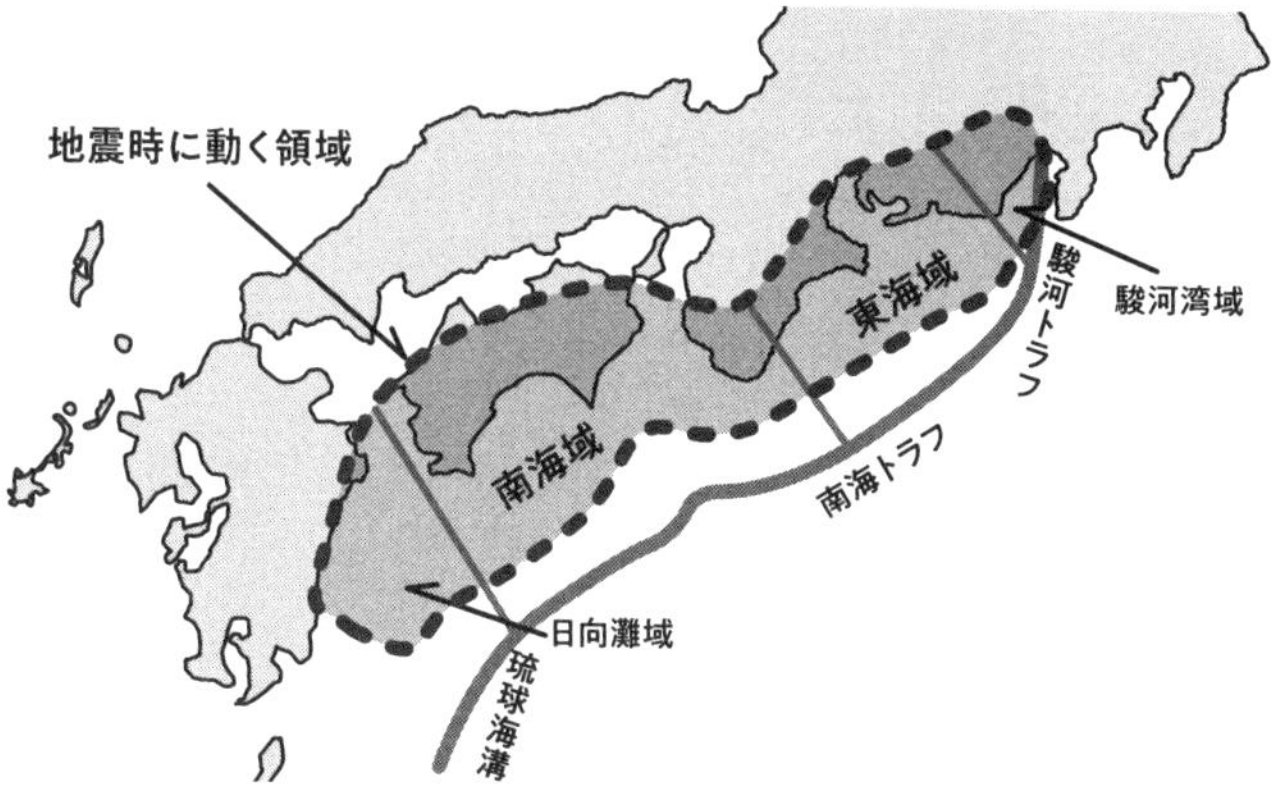

震源域は西側が四国西部から豊後水道を含み九州東岸にまで拡大された。日向灘も含まれるようになったのである。北側の震源域は太平洋岸の陸側をかすめる程度だったのが、四国全域、和歌山県、三重県、のほぼ全域、伊勢湾を含む愛知県のほぼ半分から静岡県のほぼ全域で、その北東端は山梨県になる。このように震源が陸上に広く拡大されたため、震害予測も増大したのだ(図6、想定震源域参照)。

全体として震源域の大きさは東北東—西南西方向に750km、その直角方向では150~200kmである。この地震は上側のユーラシアプレートの下側にあり、年数

cmの速さで北上してきたフィリピン海プレートとの境界面で発生する。フィリピン海プレートの沈み込みにより境界面に蓄積していた歪が突然解放されることにより、上側のユーラシアプレートが大きく動く、土地の隆起や沈降、さらには伸縮という地殻変動が発生する。

しかし、この境界面は全体が同じように破壊されるのではなく、固着域（アスペリティ）と呼ばれる領域での破壊が激しく、特に強い揺れが発生する。この固着域を「強震動生成域」とも呼ぶ。予想される震源域の上でも、固着域の近いところと、離れたところでは揺れ方に差があり、近いところでは強い揺れで被害が増大する。

津波に対しても同じような方法がとられ、震源域の海洋部分が津波の想定波源域ではあるが、その中でも海底の地殻変動、特に上下変動が大きく、大津波の発生が予想される地域を、「大すべり域」や「超大すべり域」と明示し、いろいろなパターンに分けて津波の最大発生を予測している。

これまで想定されてきた南海トラフ沿いの巨大地震は、フィリピン海プレートがユーラシアプレートの下に沈み込み、その過程で固着域やすべり域が形成されて発生する。震源域はほとんど海岸に沿う沿岸域だった。しかし、超巨大地震の推定震源域は内陸に数十㎞から100㎞も入り込んでいる。地下の岩盤が静岡県から四国、さらに九州まで「完全な一枚岩」ではないのだから、「最悪のシナリオ」の地震が発生する割合は極めて低く、超巨大地震が起こるとは考えにくい。少なくとも人間の寿命で見られる過去1500年間には発生した記録の無い地震である。

この想定震源域の決定にほとんど関与してきた阿部勝征（1945~2016）は、想定東海・東南海・南海地震について近い将来起こる可能性のありそうな以下の6ケースを考えたという（「南海トラフ巨大地震の想定」災害情報、No.11、2013）。

（1）想定東海地震が単独で発生する場合
（2）東南海地震が単独で発生する場合
（3）南海地震が単独で発生する場合
（4）想定東海地震と南海地震が同時に発生する場合（2連動）
（5）東南海地震と南海地震が同時に発生する場合（2連動）

(6) 想定東海地震、東南海地震、南海地震が同時に発生する場合(3連動)

これらのケースにより、それぞれの断層モデルにしたがい、震度分布や津波の波高などを計算し、被害を予測した。すべて過去の発生したいろいろなケースについて最大地震を想定したのである。

そして東日本大震災のあとは、「考えうる最大クラス地震・津波にもあえて配慮することになった」と言い、

(7) あらゆる可能性を考慮した最大クラスの南海トラフ巨大地震

を加えた。

実はこの項には重大な変化が含まれている。当時この事実をどのように議論されたかわからないが、この項を加えたことにより、想定震源域は「地球の寿命」で考えられるようになったのである。

詳細は次節で述べるが、これまでの地震は６８４年の「白鳳大地震」(『理科年表』

では「天武天皇の南海・東海地震」）から1946年の南海地震まで、暗黙裡であるがすべて「人間の寿命」で話は進められていた。しかし、（7）が加わったことで、人間の知らない、過去の断層運動や、地質現象も含まれるようになったのである。地球の寿命と人間の寿命の混同により、「巨大地震注意」の報に接した多くの人々が混乱する結果になった。

また阿部によれば、中央防災会議は南海トラフ沿いの東海・東南海・南海地震について想定される最大クラスの地震を検討対象とするので、その名称を「南海トラフの巨大地震モデル検討会」としたと言う。

「巨大地震注意」という情報を、気象庁が発表した時、私は大きな違和感を覚えた。それまでは、気象庁からは「巨大地震」という名称は使われていなかったからである。内閣府内の委員会で使われていた名称なので、そのまま気象庁で発表されたのだろう。

2　評価検討会

８月８日の日向灘地震（Ｍ７・１）は想定震源域内の西端で発生した。西北西―東南東に方向に圧力がかかる圧縮軸を有し、ユーラシアプレート上の九州の下に向かって、フィリピン海プレートが沈み込むことによって、プレート同士が接触する境界面がずれ動いたと想定される。想定震源域内で限られた範囲が破壊される「一部割れ」が起きたという。

気象庁は想定震源域内でＭ６・８以上の地震が発生した場合に出す「南海トラフ地震臨時情報」を発表し、有識者６名による評価検討会を招集した。オンラインで開催された検討会では、日向灘地震の正確なマグニチュードとしてＭ７・０が決められた。その結果、地震発生から２時間半が経過した19時15分、Ｍが７以上、８未満の際に出される「巨大地震注意」となった。

もしＭ８になっていたら海岸近くに住む住民には１週間の事前避難を求める「巨大

地震警戒」が出されたのである。１週間という時間の決定は、地震学とは関係なく、このようなケースを想定して調べられていたアンケートなどの結果から、避難というような場合の人間の限界などを考えて決められていた時間である。

評価検討会の発表の中で、私が気になったことの1つが、南海トラフ沿いの巨大地震が30年間で70〜80％の非常に高い確率で発生すると説明された。その根拠は示されなかったが多分地質学的な証拠からの算出であろう。地震学的にはそのような結果は出せないはずである。すると、この話も「地球の寿命」での話となる。

また後発地震の話も出た。「後発地震」は第4章でも述べるが、２０１６年の熊本地震以来使われるようになった地震用語である。熊本地震では最初の地震が4月14日、21時26分に発生、Ｍ６・５で、益城町で震度7を記録、さらに最初の地震から28時間後の4月16日01時25分、最初の震源から北西に約７㎞離れた地域を震源にＭ７・３の地震が発生し、益城町と西原村で震度7を記録、九州のほぼ全域で震度５（強・弱）を記録した。

気象庁は早速、最初の地震を前震、２番目のＭ７・３の地震を本震、それに続いて発生している地震を余震と判定し、前震―本震―余震型の地震とした。その詳細は他書に譲るが、気象庁はこの時点で「余震」という言葉を使わなくなり、以後「本震と同程度の大きさの地震が起こるかもしれないので1週間程度は注意が必要」というような内容の発表をするようになっていた（『あしたの地震学』青土社　２０２０）。

そして、この地震で最初の地震が起こり続いて前震より大きな地震（Ｍ７・３）が起こったので、それを「後発地震」と呼ぶようになった。その後の後発地震の経過は第４章で説明するが、ここではとにかく日向灘地震が起きたので、想定震源域内に「後発地震」が発生する可能性があり、「巨大地震注意」が発せられたことを強く指摘しておく。

また「巨大地震注意」の根拠の補足説明として、次のような説明もなされた。『同庁（気象庁の意）によると、世界で１９０１～２０１４年に起きた国際的な単位「モーメントマグニチュード」換算で7以上の地震は１４３７回あり、その後、震源から50キロ内で7日以内に起きた7・8以上の地震は6回ある。（中略）同庁は今後、Ｍ８以上の地震が起きる可能性は「数百回に1回」程度としているが、平田会長は「元々いつ起きても不思議でない所で、さらに可能性が高まっており、十分に注意して欲しい」と話した。』（読売新聞東京版、2024年8月9日朝刊）。ここで話は急に地球全体の視野、地球の寿命に飛んだようだ。

ほかの情報も入れると、M7クラスの地震が発生すると1000回に1回ぐらいの割合で、その地震の震源地から50㎞以内でM8クラスの地震が発生するが、今回はその割合が例えば500回に1回程度と高まった。だから確率が倍になったという説明をする人もいた。この件ではもう一度後で述べるがここでは新聞記事を事実として紹介しておく。

また同じ読売の記事の中にある専門家の発言として『今回の地震は、想定されている規模の中では一回り小さかったが、南海トラフ地震につながる可能性は否定できない』と指摘する。第1章2節で述べたように、人間の寿命で見る限り、これまでの日向灘地震と南海トラフ巨大地震の関係は認められていない。何故「両地震がつながる可能性がある」のか説明が欲しかった。

同じように地震発生の確率が統計的にわずか0・1％の上昇でも、大変なことである、無視できないと専門家は強調していたが、多くの国民の統計学の知識、あるいは利用しているのは毎日の天気予報の降水確率程度であろう。降水確率30％では必ず傘を持参する人が、降水確率29・９％になったからと言って傘を持たないという人はほとんどいないと思う。

地球の寿命上でのわずかの変化を強調するのに、確率論を振り回しても、多くの国民には伝わらないのではと感じながら、テレビ放映を見ていた。

3 「巨大地震注意」

２０２４年8月8日、午後7時頃のニュースで「巨大地震注意」の報が発せられると、関係する自治体や国民はその対応に困惑した。盆休みという日本国中でも人の動きがもっとも大きくなる時期に、１週間の自粛が求められたのである。

注意の対象は南海トラフ沿いの巨大地震の発生に際し、事前に指定されている沖縄県から茨城県まで、１都２府26県７０７市町村が含まれている。沖縄県から北の茨城県まで太平洋沿岸の地域はすべて含まれる。

ＪＲ東海は8日中に対応を開始し、東海地震の震源地に面している東海道新幹線三島―三河安城駅間で、上下線とも最高速度を時速２８５㎞から２３０㎞に落として運転すると発表した。減速運転は1週間ほど続ける予定で、同区間を通行する列車には少なくとも10分以上の遅れが出ると見込まれる。８月９～18日間は繁忙期に当たり多くの臨時列車が予定されているが、それは運休の予定はないとのことだった。

ＪＲのこのような対応は各社の事情に応じて、取られたようだ。新幹線ばかりでなく、在来の東海道線でも平塚―熱海間などは減速運転で、10分程度の遅れが生じていた。ＪＲ九州では九州新幹線と西九州新幹線の全区間で、運転を一時見合わせた。ＪＲの列車の遅れは、このような地震情報が発せられると、まず身近に影響を受ける第一歩だと多くの人が認識したのではないだろうか。

ＪＲばかりではない。行楽客が増えるお盆休みを目前に、交通機関は大きく乱れ、航空各社も欠航が出ている。

自治体によっては避難所を開設したようだ。広い避難所にポツリと座る高齢者の姿が放映された。結局、高齢者はいかなる場合でも早め早めの避難が求められているだろうから、他の人と接触できるなら避難所に居たほうが安心なのだ。

またスーパーマーケットではカップ麺などが一時、品切れになったとも報じられた。買い占めがあったらしい。この程度の情報で買い占めをする人が出るということは、もう一段高いレベルの注意報になったらどうなるのかと心配する。日頃から各家庭で少し余分に品物をそろえておけば、買い占め行為などしなくて済むはずなのに、人間の心理としては複雑だ。

しかし、今回の「巨大地震注意」で最大の被害は、やはり観光業ではなかったろうか。海水浴シーズンの真最中であった南紀白浜をはじめ、太平洋に面した多くの海水浴場が遊泳禁止となり、「海の家」の経営者や観光業者は悲鳴を上げていた。

想定された南海トラフ沿いの巨大地震では、過去の例からはほとんど津波の被害が報告されていない相模湾北岸の湘南海岸では、自治体により対応が分かれた。湘南海岸中央の平塚市では「遊泳禁止」（写真1）、その東側の茅ケ崎市や藤沢市では、津波に注意はしつつも遊泳禁止の措置は取らなかった。仮に東海地震が発生しても、伊豆半島の先端を迂回して、相模湾内に津波が入ってくるまでには、逃げる時間は十分にあるはずだから、私個人としては、藤沢市や茅ケ崎市の対応が正解だったと考えている。

写真1
「巨大地震注意」により
遊泳禁止になった海岸〈平塚市〉

以上幾つかの例を挙げたが、「巨大地震注意」は発せられ、テレビ画面の隅にはその６文字が表示され続けていたが、それを受け取る側は「何をどうすべきか」「いったい何がどうなるのか」明確に理解した人は極めて少なかったようだ。

私の理解の程度は以下のとおりだった。

1、日向灘でＭ７の地震が発生した過去の例から南海トラフ沿いで巨大地震が発生する可能性があるという。

2、だから当面１週間は注意しよう。日頃の防災グッズの点検でもしておこう。

１週間という期間は「１週間以内の間に巨大地震が発生する割合が大きい」という意味ではなく、このような緊張を伴う警報の場合、人間が耐えられるのは１週間程度という事前のアンケートを含め、人間の心理、社会全体の忍耐などを考慮した期間が、１週間なのだ。

私はこの「注意」は大地震に対応すべく、「地震に成熟した社会」の構築の第一歩にすべき良い機会であると考えた。

　このような情報が出されても、巨大地震発生の割合は極めて低いこと、現在の私たちにとっては極めて「0」に近いこと、しかし、それでも社会全体が、もし巨大地震が発生すればどう対処すべきか検討し、考える良い機会にする。そのような一見無駄に見える事象の積み重ねが、日本社会を「地震に成熟した社会」へと構築していくのである。

　気象庁は「注意」を「必ずしも巨大地震が起こるわけではない」と注意しているが、その主旨を本当に理解できているのは国民の10％程度ではなかろうか。私の10％は特に根拠があるわけではない。一般の方に地震の講演をするときなどに聞いたことをまとめて考えると、どんなに多くてもこの程度であろうと推測する。せめてこの数値が50％を超えるようになると、「日本社会もだいぶ地震に成熟してきたな」と言えるだろう。地震に成熟してきた社会なら、いい加減な風評被害ばかりでなく、テレビに出ていい加減な自説を駆使し、地震発生をあおる地震研究者たちも駆逐されるであろう。

４　想定震源域は地球の寿命

明確にしておきたいことは「想定震源域の中で起きる南海トラフ沿いの巨大地震は地球の寿命での現象」である。次に必ず発生すると予想できる地震を現代人の目で見れば、過去１５００年間でその発生領域は東海沖―四国沖と狭い領域になる。現代人が見ることのできた６８４年の白鳳大地震をはじめ多くの歴史地震を含め十数個の地震が「人間の寿命」で見られた「南海トラフ沿いの巨大地震」であり、これが「事実」である。

そこへ、いろいろな理屈をつけて想定震源域を拡大して地球の寿命で考えられた後発地震発生が加わり、「注意」が出された。したがって、地球の寿命で考える限り、将来

「Ｍ７クラスの日向灘地震発生⇓南海トラフ巨大地震発生」

というような現象が発生する可能性はある。しかし、明らかなことは、その現象が1000年後か1000年後に起きるのかはわからない。1000年後かもしれないが、その中には明日も含まれる。将来「絶対に発生する」と言えないのと同じように、「絶対に発生しない」とも言えないのである。

気象庁も評価検討会も、この「絶対起きない」と言えない文言に惑わされ、多くの国民が理解しにくい情報を発信しているのである。

第3章
南海トラフ巨大地震

１　過去の巨大地震

現在は「南海トラフ沿いの巨大地震」などと言われるが、太平洋岸の遠州灘から紀伊半島、四国沖合にかけては、東海地震、東南海地震、南海地震などの呼称で、巨大地震が繰り返されてきた。その延長線上で２０２４年8月に「巨大地震注意」も発せられた。

その概略は図7に示したが、６８４年の「天武天皇の南海・東南海地震」（白鳳大地震、M８1/4）から昭和時代の１９４４年の昭和東南海（M７・９）と１９４６年の昭和の南海地震（M８・０）まで、およそ１３００年間に9回の大地震が起きている。

図の見方として、１７０７年の宝永地震（M８・４）は、四国のA、B、紀伊半島を中心のC、遠州灘のD、駿河湾のEと太平洋に面した沿岸地域全体に震害が発生し、津波の襲来があった地域として示している。６８４年の地震では震害が発生、津波が襲来した可能性のある地域が四国から紀伊半島におよぶことを示している。

図７

過去の東海・東南海・南海地震の震源域と発生時期

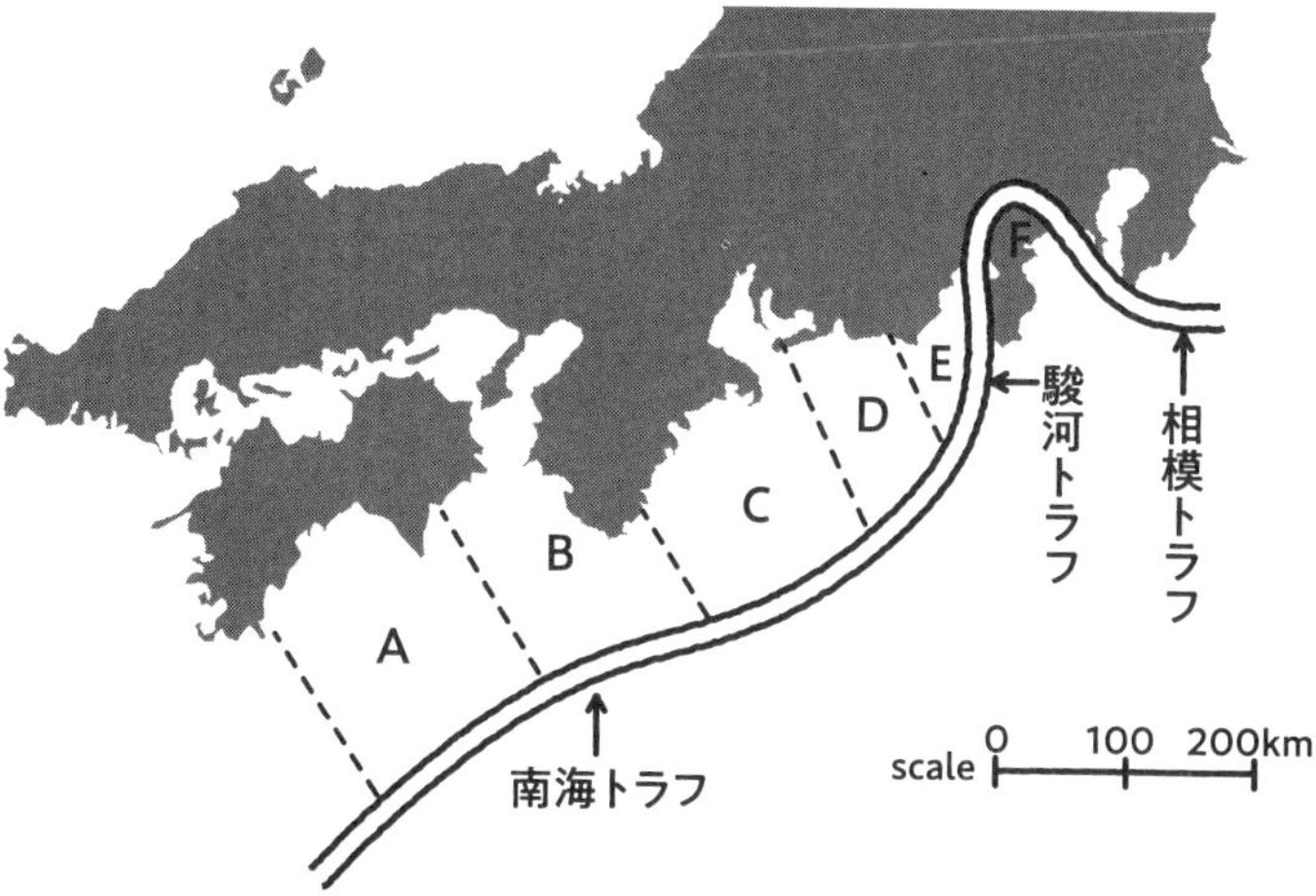

年代	A	B	C	D	E	F	M
天武	← 684年 → ?（不明）?						(8 ¼)
仁和	← 887年 → ? ?						(8.0~8.5)
康和	← 1099年 - - - ->			1096年 - - - ->			(8~8.3) (8~8.5)
正平	← 1361年 - - - - (1360年) ?						(8 ¼~8.5) (7.5~8)
明応	?	?	← 1498年 → ?				(8.2 ~ 8.4)
慶長	← 1605年 - - - - - - - - - - ->						(7.9)
宝永	← 1707年 →						(8.4)
安政	← 1854年 (2) →		← 1854年 (1) →				(8.4) (8.4)
昭和	← 1946年 → （南海地震）		← 1944年 → （東南海地震）			（空白）	(8.0) (7.9)

1944年の東南海地震（M7・9）は紀伊半島から遠州灘、特に愛知県の重工業地帯が甚大の被害を受けている。その2年後に発生した南海地震（M8・0）の被害の中心は四国南部で、津波の被害も大きかった。

1498年の「明応の東海地震」（M8・2〜8・4）は紀伊半島から房総半島にかけて津波が襲来し、現在でも史上最大の津波の被害をもたらした地震とされている。

1707年「宝永の南海・東海地震」（M8・6）は、日本列島付近最大の地震の1つに数えられている。1000年に一度の大地震、M9クラスの超巨大地震の可能性が指摘されている。49日後に富士山の東斜面に宝永山が形成された大噴火を起こしたことでも知られている地震である。

1854年の安政の東海地震、その30時間後に起きた南海地震は、30時間で半割れが解消された地震だった。和歌山県の広村（当時）に残る「稲村の火」はこの地震での出来事である。「稲村の火」は第2次世界大戦前には小学校国語読本巻十に掲載され、全児童に教えられていた。地震の防災教育の良い教材であることは、現在でもその価値を失っていない。（コラム5参照）

この図7とその下の表は以下のように読み解いて欲しい。
この表から次の2つの特徴が見いだされる。

1、最初の4回の地震、684、887、1099（1096）1361年の地震発生間隔は203、212、262とすべて200年以上の間隔がある。それに対しその後の5回の地震1498、1605、1707、1854、1945（1944と1946の間をとった）で、その発生間隔は137、107、147、91とすべて150年以下である。特に1854年の安政の地震から、1944、46年の昭和の地震までは90年間の値を示している。100年以下に意味があるかどうかは、今後の活動間隔に注意が必要であるが、本書ではとりあえず、南海トラフ沿いの巨大地震の発生間隔は1361年の「正平の南海地震を境に、それまでの200～250年の間隔から、100～150年の発生間隔に変化した」という特徴があることを指摘しておく。

2、昭和の東南海地震と南海地震の間には2年間、1854年の安政の東海地震と安政の南海地震との間は30時間の間隔だった。このように南海トラフ沿いの巨大地震は、連動して発生する性質がある。この現象を近年は「半割れ」と称し、最初の地震が四国沖を中心に起きたとすれば、その東側の領域で残りの「半割れ」の地震が発生すると考えるようになった。そして後から起こる「半割れ」を「後発地震」と呼ぶ人もいるようだが、まだその言葉は定着していない。その理由は「半割れ」の地震はどちらも同じ程度の巨大地震であることがほとんどだからである。

このようにこの地域の地震はペアで発生する性質がある。古い時代の地震では、2つの地震が続発したとしても、遠くの都にその情報が届くころには、2つの地震を1つの地震情報として伝わった可能性もあるし、またその逆もあるだろう。したがって歴史上、南海トラフ沿いの巨大地震はリストにある9回よりは、地震の数としてはもっと多い。しかし、今後の議論でもペアは1つとして数える。

なお、200~250年の発生間隔が14世紀を境になぜ100~150年に変化したのかは、その理由はわからない。新しく古文書が見つかれば違う見解も出てくる可能性はある。

また後述するが、同じフィリピン海プレートの沈み込みで起こる関東地震の発生間隔も200~250年程度である。また桜島の溶岩流出のような大噴火も200年ぐらいの間隔を有している。答えは得られていないが、私はフィリピン海プレートの移動に200年の周期性のカギが含まれていると考えているが、本書では事実だけを指摘しておく。

ここまで読まれた読者はすでに気が付かれたと思うが、ここで述べた南海トラフ沿いの巨大地震は人間の寿命で調べられている。したがって地震発生を議論している研究者自身は遭遇しなくても、孫、子の代までの間には必ず南海トラフ沿いの巨大地震に遭遇することは確実とみられている。

コラム１

１９４４年の東南海地震の調査

東京大学地震研究所は１９２５年の発足以来、日本列島内の至る所で発生する大地震や火山噴火では、それぞれ現地調査をし、必要に応じて地震計を設置して、余震観測を実施してきた。その結果、多くの地震のそれぞれが特有の性質を示すことなどが理解されてきて、現地調査や臨時観測は現象解明には不可欠になっていた。

１９４４年12月7日に発生した「東南海地震」の震源は紀伊半島南東沖で、愛知、静岡、三重などで１１８３名の死者が出ている。津波は熊野灘沿岸で６～８ｍ、遠州灘沿岸で１～２ｍ、紀伊半島東岸では地盤が30～40㎝沈下した。当時は第2次世界大戦の末期、日本にとっては戦況が不利になっており、地震研究所でも多くの人材が軍隊に入り、人手不足の時代だった。数人の人が現地調査に赴いたが、軍事工場の並ぶ中部工業地帯は全壊の状態だった。現地調査をした萩原尊禮（1908～1999）の手記を以下に引用するので、当時の日本国内の状況を理解して欲しい。

『（略）1944（昭和19年）12月7日東海地震（M7・9）、約1カ月後の1945年1月13日に三河地震（M7・1）が起こりました。地震研究所からも調査に行きましたが、私は海軍から4、5日休暇をもらって（著者注：萩原は当時磁気地雷の開発で、週の半分ぐらいは横須賀の海軍の研究所に勤務していた）地震発生後しばらくしてから現地を見て回りました。

名古屋地方は紡績工場の多い土地です。それが軍需工場となり、そこで徴用されている学生や生徒が建物の倒壊により多数亡くなりました。痛ましい限りでした。（中略）。

カメラは風呂敷に包んで持ち運びました。もちろん軍部からきちんとした許可はもらってありましたが、地方の憲兵隊に見つかって、つまらぬ時間をつぶしたくなかったのです。（中略）

当時は地震の被害は軍の機密事項でした。地震研究所では金井清さんがこの2つの地震を大変詳しく調べられました。ところが金井さんが広島の原爆調査に行っていた留守に、8月15日を迎えたのです。日本国内では連合軍の進駐に備え、婦女子を疎開させ、機密事項は焼却処分にしました。地震研究所でも高橋竜太郎さんが女子職員に青酸カリを配りました。そしてこの時、金井さんの調査記録は命令に忠実に従った女子職員の手によりすべて、焼却されてしまったのです』(『地震予知と災害』萩原尊禮、丸善、1997)。

　戦争というものがいかにむごいものであるか、ご理解いただきたいので、あえて萩原の記述を示した。なお萩原は私の指導教官です。

コラム2

1946年の南海地震の出張観測

1944年の東南海地震から2年後の1946年12月21日、南海地震（M7・9）が発生した。1944年の南海地震の割れ残り、即ち現代的に言えば残っていた「半割れ」の地震が発生したのである。被害は中部以西の日本各地におよび、死者は1230名。津波が静岡県から九州の沿岸におよび高知、三重、徳島沿岸では4～6mに達した。室戸岬や紀伊半島では南上がりの傾動を示し、室戸で1・2m上昇、逆に高知・須崎で1・2m沈下した。

本稿でも萩原の前著を引用する。

『（略）ただちに地震観測、土地の伸縮や傾斜観測の準備をして、荷物を送り出しました。観測資材一式すべての荷物を荷車に積み東京駅まで運び、鉄道便で四国まで送るためそこで貨車に確実に乗せてくれるよう交渉します。すべてを発送した後、私たちも12月29日に東京を出発し、その日は岡山泊ま

写真2　1946年南海地震の被害写真

室戸岬ではおよそ1m隆起

りで、翌30日の一番列車で岡山を出発、その日の夕方徳島に着き、泊まるところがないだろうから警察署に泊めてもらおうと尋ねたところ、すでにバラックですが旅館が普及しているのに驚きました。

地震計4台を高知県内に配置し、室戸岬には水管傾斜計を設置し、観測を始めました。ところが西端の観測点の現在の中村市では被害が大きかったのに、その付近を震央とする地震は観測されませんでした。地震が起こっていたのは、ほとんどが土佐湾《とさばえ》、つまり四国南東の海域でした。中村は四万十川の川口の厚い堆積層の上に発達した町です。被害が大きかったのは結局、地盤が悪かったのです。（写真2参照）

物のない時代でしたが地震観測をしておいてよかったと思うのは、このような大地震にもかかわらず、大地震に応じた地殻変動はあったのですが、四国の南側の海域では余震は全く起こっていないことがわかったことでした。つまり本震が今でいうヌルヌル地震（サイレントアースクエイク）だったのです。苦しくても、つらくても、できることは何でもやっておくと役に立つものだと痛感しました』（『地震予知と災害』（前出）。

各観測器械を設置し終わると、現地に残って保守管理をして、記録を読み取る人以外は東京に戻った。もちろん年は明けており１９４７年になっていた。

１人現地に残った若手の技官はまず自分の住民票を、高知県に移した。当時、米は政府が管理しており、配給という形で個人に渡され、消費されていった。住民票を移さなければ現地で米を入手する手段がないのである。

そんな体制のもと１人で遠く離れた高知で観測は続けられていたが、季節は移ろい春になった。しかし彼は真冬に東京を出発したまま、季節に合った洋服は持参していなかった。もちろん現地で購入するようなことはできなかった。日本全体が貧乏で、何から何まで、すべての物資が不足していた。

当時の日本の郵便事情も悪かった。東京から高知まで物を送ろうとしても、必ずしも送れる時代ではなかったのである。結局彼は半年間以上の高知での観測を実施し、ようやく終了して東京に戻ったが、その時の服装は１９４６年12月29日、東京を出発したときの真冬の服装で、真夏の東京に帰って来たのだ。この話は関係者の間では長い間語り継がれたが、観測の大切さとともに、どんなに苦労しても記録をとることの大切さを伝えるエピソードである。

コラム3

１９４６年の南海地震は予知されていた？

　１９４６年の南海地震が発生した後、日本に進駐していた連合軍総指令部（ＧＨＱ）は、「南海地震は日本では予知されていたとの噂があるが本当か」との問い合わせがあり、その実情を調査させるために当時カルフォルニア工科大学の地震学者グーテンベルグ教授を日本に招聘した。

　南海地震が予知できた、できないの前に、前座としての話がある。それは１９２３年の関東地震である。当時の東京大学地震学教室の２代目教授の大森房吉は、助教授の今村明恒とともに、地震の予知には積極的であった。その背景には１８９１年の濃尾地震後に文部省内に組織された震災予防調査会の幹事として、地震をあらかじめ予知し、震災を少しでも軽減するのが自分たちの使命と考えたいたようである。

　助教授の今村は本職が幼年学校の教官で、地震学教室の助教授を兼務していた。今村は立場上か、世の中への地震に関する発信を続け、時にはそれが大騒ぎになり、大森が火消しに回るようなこともあり、２人の仲はギクシャクしていたようである。今村の主張の根拠は「地震は繰り返すからなるべく備えろ」が基本で、世の中を啓発していた。

１９２３年９月１日、関東地震発生の折には大森はオーストラリアの国際会議に出張中で、今村が留守を預かっていた。地震発生後ただちに震災予防調査会のメンバーを駆使して関東地震の調査を開始した。

大森は旅行中から体調を崩し、横浜港に帰国し、船室を訪れた今村から留守中の報告を聞くとともに、そのまま東大病院に入院した。私自身はそのような文献を確認していないが、関東地震後は「今村は関東地震を予知した立派な先生、大森は予知できなかった駄目先生」とのレッテルが貼られたようである。

大森の後を継いで３代目の地震学教室の教授になった今村も、１９３０年には定年で退官した。そして地震は必ず繰り返すからと和歌山県や高知県を中心に私費と寄付で地震観測網を設けて観測を続けていた。

しかし第2次世界大戦の戦況の悪化で物品の不足、交通事情の悪化で観測機器が壊れても修理に行けないなど、今村の観測ネットワークも維持が困難になっていたようである。そんな状態のときに地震が発生してしまった。私の想像だが地元の新聞記者の中には、今村のネットワークを、地震予知を前提に構築されていたと解釈していたという記事もあったのではないかと思われる。今村が地震発生が予想されていた地域に観測網を構築していたのは事実だが、その根拠は地震が必ず繰り返すという信念があったからである。

地震発生から半年後に日本を訪れたグーテンベルグ教授は「日本の地震観測に対する技術は高いが、地震予知はできていない」というようなレポートを残して帰国している。

20世紀後半には、東海地震説、西日本で「大地震切迫説」などの独自の地震発生説を発表した人がいる。もし彼らが、本当に大地震が発生すると考えていたなら、信念を持って地震が起きることを繰り返し言い続けるべきである。

今村は関東地震に対しては１９０５年ごろから発信を始めていたから、予知した、予知しないは別の話として、18年間も自説を発信し続けたのである。南海地震に関しては定年の１９３０年ごろからとしても16年も、注意喚起を続けていた。

私は今村が地震を予知したとは思わない。繰り返しであるが、日本列島の太平洋側で地震が起こるかと言えば必ずいつかは起こる。したがって、いつ起こるかという時間を明言しない限り、地震を予知したとは言えない。

しかし私が今村を尊敬するのはその執念である。今村は鹿児島県出身で、「薩摩の頑固者」だったようであるが、誰が何を言おうと自説を主張し続けた点を尊敬している。まず同じ立場に立った場合、自分自身にできるのかと問うても「イエス」と言い切れる自信はない。

東海地震説の発表者も同じで、指摘した地震は起きていないのだから自説を丁寧に説明し続けるべきなのに、すぐに発信しなくなったようである。有名になるという目的が達せられたからであろうか。

「大地震切迫説」はもっとひどい。起きると言っていた地震は起きず、彼等の予測していた領域にはまったく関係ない、日本海溝付近で東日本大震災が発生してしまった。これを「想定外」と称した理由がわからないが、まったく無責任な発言であった。現に南海トラフ沿いの巨大地震は発生する可能性があると言われたのである。とにかく「巨大地震注意」がだされたのである。

今後も折に触れ、学者、研究者のこのような発言が出るであろう。お互いに地震に成熟し、そのような低レベルの発表は論破するようにしたいものである。マスコミももう少し勉強し、一見もっともらしい説明をされても、その説明が科学的でなければ、指摘するくらいの知識をもって取材にあたって欲しい。

2 南海トラフ沿い巨大地震の予知

１９６０年代は、地震予知に勢いがあった時代であった。１９６５年から地球物理学講座のある大学や国土地理院、気象庁などが中心になって地震予知研究計画が発足した。地震予知研究計画に参加している関係機関は、観測網の充実や人員枠の増大など、多忙で充実した日々を送り、いわば「地震予知研究者」にとってはバラ色の時代であった。

そんなときに出されたのが「東海地震発生説」であった。１９７０年ごろから週刊誌にはときどき見かけられたが、１９７６年、本格的にマスコミに火をつけたのは発表者自身であったようだ。震源とされる駿河湾（南海トラフの東端に続く駿河トラフ）を有する静岡県では、文字通り、てんやわんやの状況で地震対策を急がされた。発表者は時代の寵児になり、先輩教授が「君の考えを早く論文にして発表しなさい」という助言に対し「忙しくて論文を書く暇もない」と答えたと、その本末転倒ぶりを嘆いていた。

彼が忙しかったのは、あちこちの自治体などからの講演の依頼であった。当然彼は「東海地震が近いうちに発生する」という結論だったろうが、それから50年が経過した今日でも、東海地震が発生する気配はまったくない。現在の彼の心境を知りたいところだ。

１９８７年には大規模地震対策特別措置法（大震法）が成立し、日本では（少なくとも南海トラフ沿いの巨大地震に関しては）、地震発生前に警報が発せられるようになった。

日本中の話題になった東海地震発生説であったが、目指した地震は起こらず、１９９５年の「兵庫県南部地震」（阪神・淡路大震災、Ｍ７・３）に至った。近代都市神戸が大震災に見舞われ、改めて地震の恐ろしさを理解した人も多かった。

阪神・淡路大震災のあと主に西日本在住の地震学者によって発せられたのが「西日本は地震の活動期に入った」、続いて「（西日本あるいは南海トラフ沿いの）巨大地震が切迫している」である。この「大地震切迫説」は地震研究者ばかりでなく、地震には素人の防災の専門家と称する人々もまことしやかに話していた。

その状態は２０１１年3月11日まで続き、東北地方太平洋沖地震（Ｍ９・０）の発生で、「想定外」が発せられるまで、「大地震切迫説」はメディアでも語られ続けていた。

私が呆れたのは、３月11日の２〜３日前、あるテレビで「大地震切迫説」を強調していた地震学者が、３月11日の夕方のテレビでは「想定外」を言い出したことである。

南海トラフ沿いの巨大地震はフィリピン海プレートとユーラシアプレートの境界で発生する現象に対し、東北地方太平洋岸沖地震は太平洋プレートと北アメリカプレートとの境界に沿った日本海溝沿いで発生している。したがって予想していた巨大地震が「東」で起きてしまった。だから「想定外だ」と言いたかったようだが、地震学的には全く噴飯ものの内容であった。学者・研究者のご都合主義の典型と言えよう。

まとめると、南海トラフ沿いの地震発生について20世紀の後半、２つの巨大地震発生説が出されたが、巨大地震は発生の兆候すらなく21世紀の今日でも穏やかな日々が継続している。

コラム４

地下核実験を探知

１９６０年代、世界はまだ冷戦時代だった。当時アメリカは世界標準地震計を開発して、西側諸国１２４カ所に配置して、ソ連（現ロシア）が実施していた地下核実験を探知する体制を整えた。世界標準地震計は振り子の固有周期が30秒程度の長周期地震計３成分（上下、東西、南北）と振り子の固有周期が１秒程度の短周期地震計３成分の、６台の地震計で構成されていた。

日本ではこの世界標準地震計を気象庁の松代地震観測所（当時）と東京大学地震研究所の白木微小地震観測所で引き受けることになった。松代地震観測所は、第２次世界大戦末期、敗戦濃厚の日本は、日本国内での戦争に備え、皇居を長野県の松代町に移すことを考え、強固な岩盤を掘削して地下壕を作っていた。この両陛下の御座所と予定したトンネルは、戦後は無用の長物となり、地震観測所に転用するのがベストという、関係者の方針が、終戦後すぐ決まり、中央気象台（当時）の傘下に入っていた。

松代の地下壕は人為的ノイズも少なく、海からも離れており、日本国内では地震観測にはもっともぐれた場所であり、世界標準地震計の設置場所としては最適の環境だった。

世界標準地震計を設置するもう１カ所は、西日本の何カ所かが検討されたようだが、結局地震予知研究計画で新設が決まった、東京大学地震研究所の白木微小地震観測所に決まった。この観測所は広島県の北部にあり花崗岩の岩山に観測壕は掘られていた。

西日本には京都大学が、いくつかの観測所を有していたが、白木微小地震観測所の環境は長周期地震計を設置するには最適だった。もちろん当時のソ連の実施する地下核実験は世界標準地震計ばかりでなく、既存の日本の地震観測網でも観測は可能であった。しかし、冷戦下で、アメリカは自然地震と核実験の波形の違いなどにつき、何回か国際会議を開き、西側諸国には、地震記録上で地下核実験の波形を識別するように、奨励をしていた。世界標準地震計が地下核実験の探査のために造られたのだから、軍事研究をしている、軍学共同の研究をしているなどと批判された。私のところにも学生が批判しに来ていたが、地震観測の記録のなかに核爆発の記録が入るのは、地震計が正常に稼働している証拠だからと、説明した。何回議論を仕掛けられても、こちらの言い分は1つであるから、そのうち学生も批判しに来なくなっていた。当時はそんな時代だった。学生運動のため、東大が入学試験を中止し、新入生を入学させられなかった時代の話である。

観測が軌道に乗った後、私も白木微小地震観測所の長周期地震記録を自分の研究に何度も使わせてもらったが、非常に良い記録がとれていた。その最大の原因は花崗岩の岩山に観測壕が掘られていたから、人工的なノイズがほとんど記録されないからであった。

その後地震研究所内の方針転換で、白木微小地震観測所の職員は全員、広島市内に新設した庁舎に勤務するようになり、観測壕及び付随していた建物は無人となった。地震記象はすべて広島観測所に送られ、処理された。さらに現在は広島観測所も無人となり、地震の信号は東京の研究所に直接送られるようになった。時代の１つの流れである。

この観測所は南海トラフ沿いの巨大地震が発生すると、震源の北西から北側に位置することになる、多くの地震が２００～３００㎞の震源距離を有し、それぞれの波動も分離し、地震波相の識別が、容易になってくる。

現在では地下核実験探査はほとんど話題にならなくなった。21世紀になってからだったと思うが、北朝鮮が地下核爆発実験をしたとき、韓国の友人から、日本の地震計で北朝鮮の核爆発の記録がとれていたら記録が欲しいと、頼まれた。私は早速、広島観測所に頼んで、地震記象のコピーを送付した記憶がある。

地震観測所としては非常に恵まれた条件の観測所なので、将来南海トラフ沿いの巨大地震が発生した折には、その地震記象は発生した地震の解析に役立つ観測所である。

3　次の南海トラフ沿いの地震はいつか

２０１７年８月27日、日本の各メディアは次の内容の記事を報じた。

「実際に東海地震（現在の表現では南海トラフ沿いの巨大地震）を予知することは難しいから事前に発せられるはずの「警戒宣言」は不可能である。警戒宣言の発生を受けて地震に備えるというシナリオは無くなり、大地震は突然襲ってくるからそのつもりで対応するように」と一斉に報じた。

今後は気象庁が地震評価対策委員会を開き、南海トラフ沿いの諸データを精査し、その結果を定例情報として発表する。もしデータに異常が見られれば「南海トラフ地震に関する情報」というような臨時情報を発表して、住民に注意を呼びかけることになっている。しかし、地方自治体からは、そのような臨時情報が出されたとき自治体としてどのように対処するのが良いか疑問や不安が出されている。

南海トラフ沿いの巨大地震に関しては１９６５年の地震予知研究計画発足時から、

予知の中心的なターゲットとして重点的にいろいろな観測が実施されてきていた。しかし、過去にも現在も巨大地震は起きていない。他の地域の地震に対しても同じであるが、南海トラフ沿いの地震に対し地震発生の前兆としての異常を識別できるのかという疑問は残る。

南海トラフ沿い地震について私たちが持っているデータは発生年代と被害の概要だけである、そして図８に示したように縦軸に年代（西暦）、横軸にそれぞれの地震をプロットしてある。ペア地震は１つとしてある。図から明らかなように、この程度のスケールでは１つ１つの地震の点はほぼ直線上にのるようで、すでに述べた１３６１年正平の地震を分岐点として、その後の地震の発生間隔は短くなっている（直線が折曲がっている）ことが明瞭に示されている。

そこで「次の南海トラフ沿いの巨大地震も過去5回の地震と同じ間隔で起きる」と仮定する。この仮定が重要なことは容易に理解されよう。元のデータが粗いので数値の厳密な計算はせず、図８の直線を延長して10回目の地震の発生年を予測すると２０６０~２０７０年ごろなる。

図8　次の南海トラフ地震の発生を過去の活動から予測

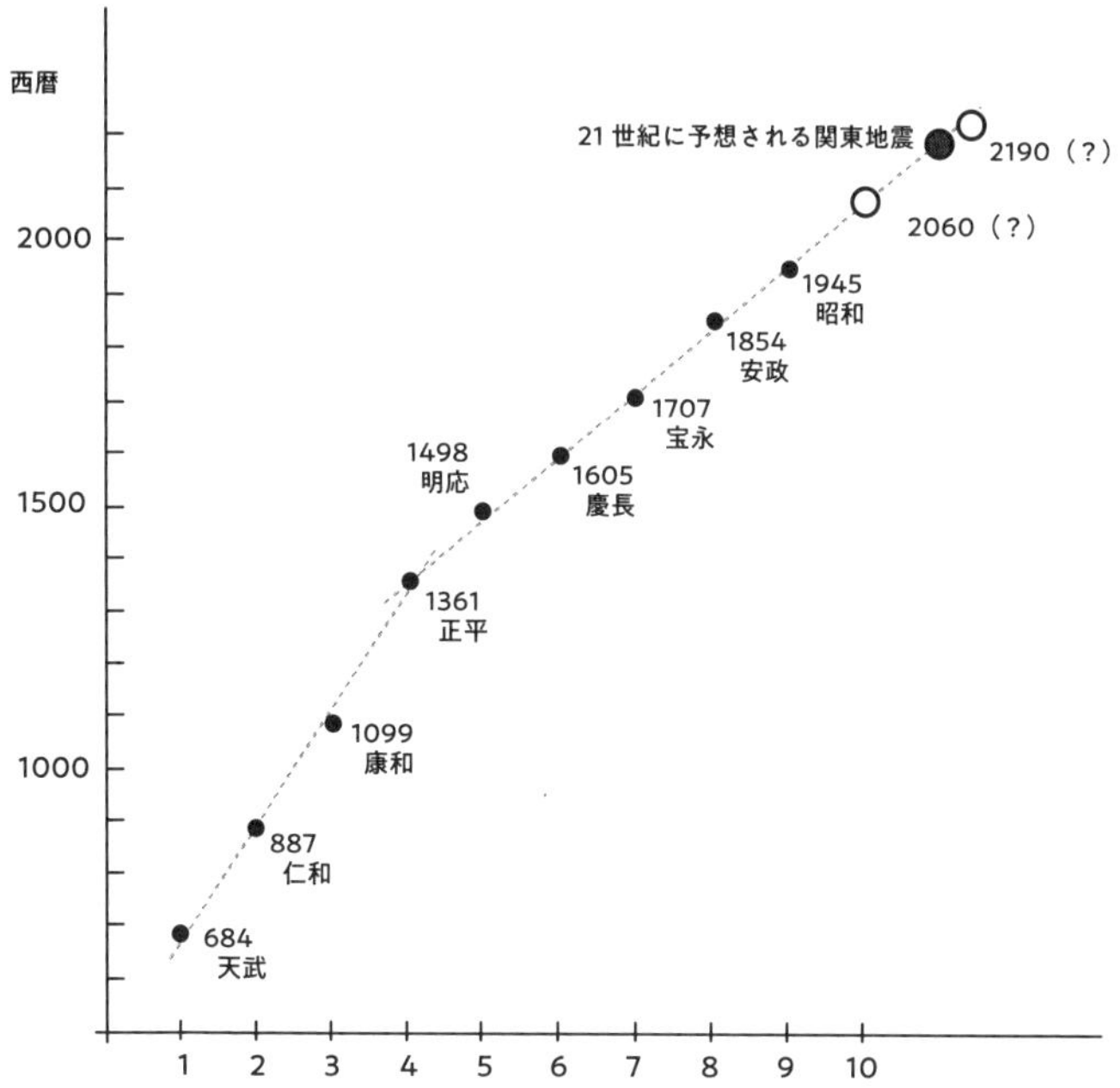

実際昭和東南海・南海が90年の間隔で発生していることを考慮しても、次の南海トラフ沿いの巨大地震の発生は２０４５年ごろから２０９５年ごろの間とみて間違いないだろう

この数値が「人間の寿命」から見た次の南海トラフ沿い巨大地震の発生時期である。その視点からは２０２４年にだされた「巨大地

震注意」は、時期が早すぎ、まったく役にたたない茶番劇だったことになる。

気象庁の発表では「(南海トラフ沿い巨大地震は)元々いつ起きても不思議はない状態のところで、地震が発生する可能性が数倍高くなった。地震学的には極めて高い確率だ」(朝日新聞、前出)との発言があったが、それはあくまで「地球の寿命」から見た話なのである。

同じような考え方で次ぎの次ぎ11回目の南海トラフ沿いの巨大地震の発生時期は、22世紀末頃になると予測する。ただし、この件については関東地震が関係してくるので次章で詳述する。

コラム5

稲村の火

稲村の火は1854年に安政南海地震の時の、紀伊国広村（現和歌山県有田郡広川町」での実話である。この事実を知った小泉八雲（ラフカディオ・ハーン）が英語で物語を書きそれが翻訳されて、津波襲来に対し、美談として知られるようになった。そして第2次大戦前には国語の教科書にも取り上げられ、当時の日本国民は全員が知る美談であった。

教科書の内容を以下にしめす。

第十稲村の火

「これは、ただ事ではない」

とつぶやきながら五兵衛は家から出て来た、今の地震は、別に烈しいといふ程のものではなかった。しかし、長いゆったりとしたゆれ方と、うなるような地鳴りとは、老いた五兵衛に、今まえで経験したことのない無気味なものであった。

五兵衛は、自分の家の庭から、心配げに下の村を見下した。村では、豊年を祝うよび祭りの支度に心を取られて、さっきの地震には一向気がつかないもののやうである。

村から海へ移した五兵衛の目は、忽ちそこに吸附けられてしまった。風とは反対に波が沖へ沖へと動いて、見る見る海岸には、広い砂原や黒い岩底が現れて来た。

「大変だ、津波がやって来るに違いない。」と、五兵衛は思った。此のままにしておいたら、四百の命が、村もろ共一のみにやられてしまふ。もう一刻も猶予は出来ない。

「よし。」

と叫んで、家にかけ込んだ五兵衛は、大きな松明を持って飛び出して来た。

そこには、取入れるばかりになっているたくさんの稲束が積んであ
る。

「持つたいないが、これで村中の命が救へるのだ。」

と、五兵衛は、いきなり其の稲むらの一つに火を移した。風にあふられて、火の手が発と上つた。一つ又一つ、五兵衛は夢中で走った。かうして自分の田のすべての稲むらに火をつけてしまうと、松明を捨てた。まるで失神したように、彼はそこに突立つたまま、沖の方を眺めてゐた。

日はすでに没して、あたりがだんだん薄暗くなつて来た。稲むらの火は天を焦がした。山寺では、此の火を見て早鐘をつき出した。

「火事だ。庄屋さんの家だ。」

と、村の若い者は、急いで山手へかけ出した。

高台から見下してゐる五兵衛の目には、それが蟻の歩みのやうに、もどかしく思われた、やつと二十人程の若者が、かけ上つて来た。彼等はすぐ火を消しにかかろうとする。五兵衛は大声に言つた。

「うつちやておけ。――大変だ。村中の人に来てもらふんだ。」

村中の人は、追々集まって来た。五兵衛は、後から後から上つて来る老幼男女を一人一人数えた。集まって来た人々は、もえている稲むらと五兵衛の顔とを代る代る見くらべた。

其の時、五兵衛は力一ぱいの声で呼んだ。

「見ろ、やつて来たぞ。」

たそがれの薄明かりをすかして、五兵衛の指さす方を一同は見た。遠くの海の端に、細い、暗い、一筋の線が見えた。其の線は見る見る太くなつた。広くなつた。非常な速さで、押寄せて来た。

「津波だ。」

と、誰かが叫んだ。海水が、絶壁のやうに目の前に迫つたと思ふと、山がのしかかつて来たやうな重さと、百雷の一時に落ちたやうなとどろきとを以て、陸にぶつかつた。人々は、我を忘れて後へ飛びのいた。雲のように山手へ突進してきた水煙の外は、一時何物も見えなかった。

人々は、自分等の村の上を荒狂つて通る白い恐ろしい海を見た。二度三度村の上を海は進み又退いた。

高台では。しばらく何の話し声もなかつた。一同は、波にえぐり取られてあとかたもなくなつた村を、ただあきれて見下していた。

稲むらの火は、風にあふられて又もえ上り、夕やみに包まれたあたりを明るくした。始めて我にかへつた村人は、此の火によつて救われたのだと気がつくと、無言のまま五兵衛の前にひざまづいてしまつた。

（小学国語読本巻十第十稲むらの火　現文のママ）

なお五兵衛は村の庄屋を務めた浜口儀兵衛（梧陵）の事である。

第4章 太平洋側のほかの地域

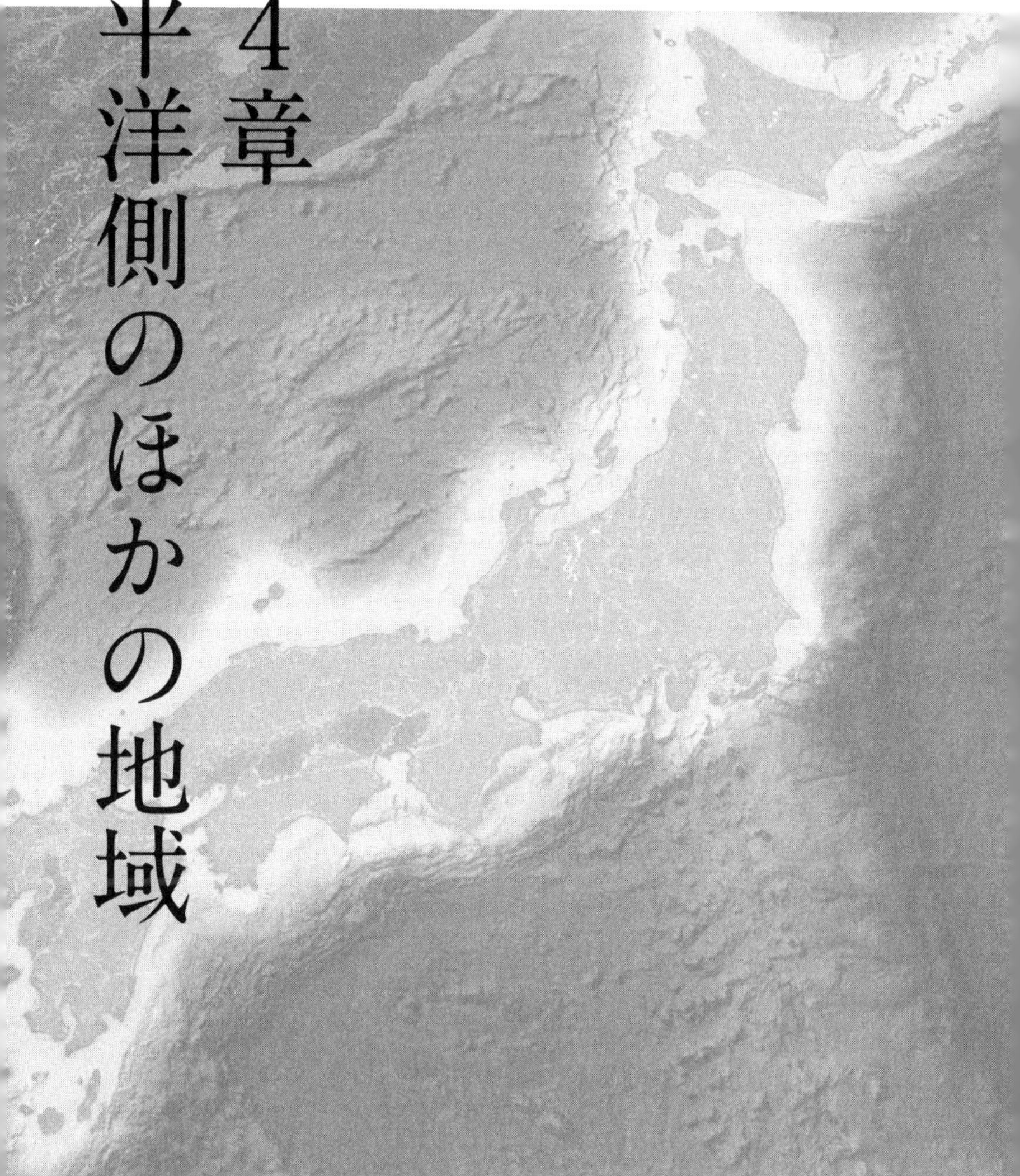

１ 関東地震

フィリピン海プレートが北上し、ユーラシアプレートの下に沈み込む過程で、南海トラフが形成されているが、その東端には駿河トラフが続いている。駿河トラフは北から延びてきているフォッサマグナの延長線上に、駿河湾内に形成されている。南海トラフ沿いの巨大地震のうち、東海地震と呼ばれる地震の震源地域は南海トラフから、この駿河トラフまで延びることもあった。

伊豆半島はフィリピン海プレートの上に出現した海底火山が、プレートに乗って北上し日本列島にぶつかり半島の形になった。その東側にはフィリピン海プレートが北東方向に沈み込んでいる。その最上層は北アメリカプレートで、そこへ太平洋プレートも沈み込むという、３枚のプレートの境界として、地下では複雑な構造をしている。

フィリピン海プレートの沈み込みにより相模湾内に形成されているのが相模トラフである。そしてその相模トラフで発生しているのが、関東地震である。

鎌倉幕府が創立する以前は、関東地方は都から見れば遠い僻地であった。それだけに情報も少ない。大正関東地震の前には1703年の元禄関東地震（M7・9～8・2）が知られていた程度であった。南海トラフ沿いの巨大地震が話題になると、必ず相模湾内にも大津波が押し寄せるというシミュレーション結果が発表され、地元住民の注意を喚起させている。実際には、鎌倉の面する相模湾の湾口は南に開き、その中央には伊豆大島が位置し、西側には伊豆半島が横たわっている。多くの南海トラフ沿いの地震で発生した津波は、東に進んでも伊豆半島が防波堤の役目を果たし、伊豆半島の先端を回り込んで相模湾内に入り込んでくるときには、その勢いは弱まり、津波による被害の記録も極めて少ない。

そして、相模湾内で津波の記録が残るのはやはり鎌倉である。鎌倉幕府の遺した年代記『鎌倉大日記』にも、政治的な記事に加え、地震や津波、さらにはそのほかの自然災害も散見される。少なくとも過去に鎌倉に津波の被害をもたらした地震は、関東地震だけと推定される。また相模湾奥の鎌倉、藤沢、茅ケ崎、平塚、小田原と並ぶ都市の中で、津波の被害をもっとも受けやすい海岸地形をしているのが鎌倉である。藤沢から西側には標高8mほどの浜堤が発達していて、街中に津波は進入しにくい。鎌倉が津波の被害を受けるのは、関東地震だけであったとの前提で、本稿では議論を進める。

写真3　大正関東地震の発生時を示す写真
横浜駅のプラットホーム

現在、4回の関東地震が追跡されている。1241年、1495年、1703年、1923年の4回で、その発生間隔は254年、208年、220年である。南海トラフ沿いの巨大地震では100~150年間隔だった発生間隔が、関東地震では200~250

図９　次の関東地震の発生を過去の活動から予測

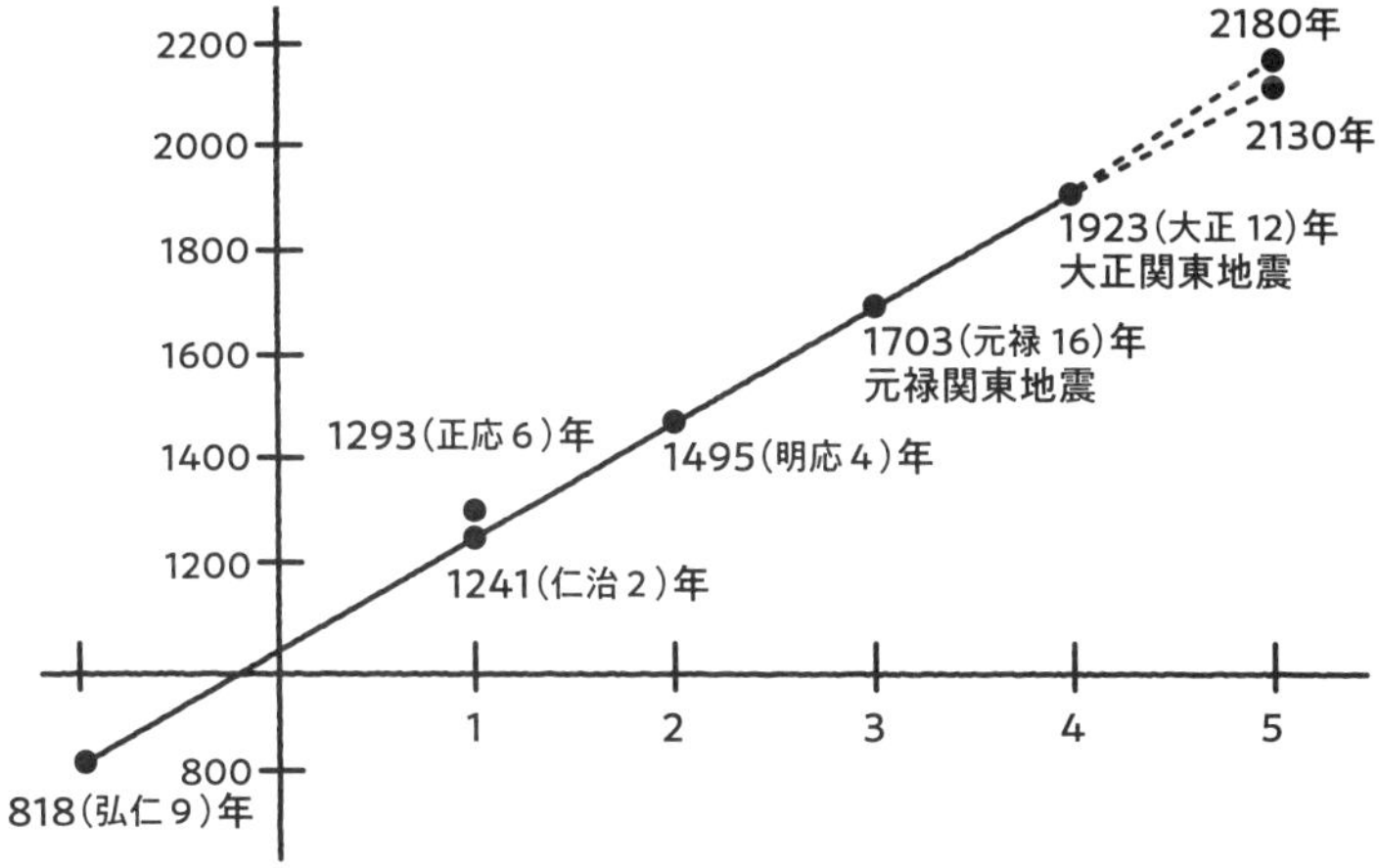

年と、50年ほど長くなっている。この差が何を意味するのかは、今のところわからないが、はっきりしているのは両者がそれぞれ別々に、表現を変えれば、それぞれ独立に発生していると考えてよさそうである。（写真3）

4回の関東地震の値を図9にプロットした。図8と同じように、縦軸に年代、横軸に関東地震に、順番に任意の番号を付けてある。

議論の中心は右側の4つの点を結んだ直線である。この程度のスケールだと、4回の関東地震がほぼ直線上に乗っている。その直線を延長して次の

５回目の関東地震の発生年代は２１５０年ごろになる。ここでは50年の幅をとって、「次の関東地震は２１３０~２１８０年ごろ」としておく。すでに理解されているように、この節の記述はすべて人間の寿命での話である。

図９の左端に８１８年の地震が示されている。『理科年表の日本付近のおもな被害地震年代表』（丸善、２０２４）によれば、この地震は記録に残る関東地方の最古の地震である。詳細は他著（『地震学からみた地震防災』丸善、２０２４）に譲るが、この地震は栃木、茨城、埼玉、群馬の各県が相接する関東平野の中央付近が震源地、つまり内陸の大地震との説もあった。反面、房総半島の海岸段丘には８１８年に隆起した地層が含まれるとの報告もあった。そこで私は、内陸の地震と関東地震がほぼ時を同じくして発生したのではないかと考えている。地震の発生がたとえ数日ずれていても、都に情報が届くころには「１つの大きな地震」になっていたのだろう。私の推測通りだとするとこの関東地震は「弘仁関東地震」と呼べるだろう。海岸段丘の隆起量から考えれば、この関東地震はＭ８以上の巨大地震だったことは確かであろう（『巨大地震を生きのびる』拙著、ロギカ書房、２０２３）。

また図9の直線をたどると、西暦1000年ごろにも、関東地震があってもよいはずだが、見当たらない。新しい資料でも出ない限り、1000年ごろの関東地震については存在していない。

図9に示した1293年の地震は、地震調査研究推進本部が最近になって相模トラフ沿いの地震としている地震で、逆に1241年の地震は取り上げていない。西暦1000年ごろの地震が発生しなかった結果、歪の蓄積が大きく、同じような関東地震が続けて起きたのかもしれない。資料が不十分なのでこれ以上の検討は意味がないので、事実だけを記しておく。この程度のスケールになると2つ地震があったとしても、結果には大きな変化はないと考える。

本節の結論は、「次の関東地震が過去4回の関東地震と同じような時間間隔で発生すると仮定すれば、その発生時期は2150年ごろ、2130～2180年には発生する」である。仮定が前提にあることに注意して欲しい。

地震学的に説明できるわけではないが、最近気が付いたことを述べて置く。端的にいえば、「南海トラフ沿いの巨大地震の2回に1回は、関東地震が先行して発生している」ということである。

南海トラフ地震の発生間隔の傾向が変化した1361年以後、同地震を含め6回の南海トラフ沿いの巨大地震が発生している。表2に示すように、そのうち3回の地震が、発生する3年から4年前に関東地震が発生している。そして1923年の大正関東地震からおよそ20年後に昭和の東南海、南海地震が発生した。ここでも仮定が入るが、その発生のイメージは表2のようになる。

2 関東地震と南海トラフ沿い地震の関係

以上の議論はすべて人間の寿命のタイムスケールである。南海トラフ沿いの巨大地震発生の2回に1回の割合で、関東地震が起きるので、次の南海トラフ沿いの地震では関東地震は起きず、先に述べたように21世紀後半に南海トラフ沿いの巨大地震が発

表2　関東地震と南海トラフ沿い地震の関係

関東地震	南海トラフ地震
1923（大正関東）約20年後	1944と1946（昭和の東南海と南海）
	1854
1703（元禄関東）約4年後	1707（宝永）
	1605
1495（明応関東）約3年後	1498（明応の東海）
	1361
1241、1293	対応地震なし

表3　巨大地震の発生順序

南海トラフ地震	関東地震
2060（2045~95年ごろ）	
	2150（2030~2080）
2190（2170~2220年ごろ）	

生する。この発生する巨大地震が、単独か、ペアか、東海、東南海、南海の3連発かはわからない。そして22世紀の中頃、次の関東地震が発生し、それに続いて22世紀中には南海トラフ沿いの巨大地震が発生する。これが人間の寿命にしたがって予測した結果である（表3、図8参照）。

関東地震と南海トラフ沿いの巨大地震の発生間隔が短ければ短いほど、首都圏から中部圏、近畿圏の日本のメガロポリスが甚大な被害を受ける可能性は大きいので、

21世紀から将来を見据えた街造り、国造りが必要である。

3 後発地震注意報

2024年8月8日に出された「巨大地震注意」と同じような注意報は、日本ではすでに三陸海岸を中心に東北地方太平洋岸で、実用化されていた。その概要を述べて置く。

2022年12月16日から気象庁は「北海道・三陸沖後発地震注意報」を発表するようになった。その前提の話として「後発地震」という専門用語はすでに述べたように2016年4月の熊本地震から使われ出した。4月14日に起きたM6・5の地震に続き2日後の16日にM7・3の地震が起きた。震源地は九州北部を東西に横断する別府―島原地溝帯の南西端付近で発生しており、最初の地震の後、東側の大分県北部や阿蘇山付近で小規模の群発地震が発生していた。気象庁はそれらの本来なら独立した群発地震と解釈すべき地震を余震と解釈していた。ところが最初の地震に続いて、より大きな地震が起きたので、M7・3の地震を本震、最初の地震を前震として、前震―本震―余震型の地震活動と説明していたのが、いつの間にか余震という言葉を使わなくなった（詳細は『あしたの地震学』青土社、2020、215頁参照）。

最大震度7を記録し被害を伴った後に、同じく最大震度7、M7・3の地震の発生で、気象庁はこの地震以後、余震という言葉は使わず、後に続く本震より大きな地震は「後発地震」と呼ぶようになったらしい。

「地震はほとんど本震―余震型で発生する」は大森房吉によって提唱されて以来、地震学の基本事項の1つとして教育されており、地震活動の1つの基本パターンである。熊本地震のような前震―本震―余震型はそれほど多くは発生していない。また群発地震や双発地震（あしたの地震学、222頁参照）の発生する地域はほとんどわかっている。したがって現在の気象庁の発表のように、地震が起こるたびに「1週間程度は同じような強い揺れの地震が起こる可能性があるから注意」と極めて歯切れの悪い呼びかけがなされるようになったのは私には理解できず、気が付いたらわかりにくい説明だと感じていた。

一般に余震は本震よりはMで１程度、最大震度も１以上は小さい。だからその発表のほとんどを私は国民に余計な心配をさせる発表内容だととらえている。私が知る限りでは２０２２年１年間で、このような発表が的を射たのは能登半島先端付近で続いている群発地震の時、ただ1回だけだった（『あしたの防災学』青土社、２０２２、２０４頁参照）。

２０１１年3月9日11時45分、宮城県牡鹿半島の東約１６０㎞の北緯38・３度、東経１４３・3度、深さ10㎞の地点でＭ７・３の地震が発生した。宮城県登米市や栗原市などでは最大震度5弱を記録し、気象庁は津波警報を発し、波高数10㎝の津波が宮城県太平洋沿岸地域で記録された。

11時57分には先の地震の震源近くでＭ６・３の地震が発生、最大震度３を記録していた。さらにその一時間以内に付近で3回の地震が発生していた。３月10日06時24分には最大余震となったＭ６・８の地震が発生、前日からの余震は30回に達し、典型的な本震―余震型の地震と考えられていた。

宮城県沖の地震活動に関しては地震調査研究推進本部が実施している長期予測で、

「30年間の発生確率99％」という高い確率で宮城県沖にはＭ７クラスの地震が発生するとされていたので、この地域の地震活動に関心を寄せる研究者たちは、予測されていた地震が発生したと考えたようだ。そう考えるのは当時の知識としては至極当然だった。ところが２日後の11日にＭ９の地震が発生してしまった。メディアに出る研究者たちは９日の地震を「前震」だったと解説していた。

３月11日14時46分、仙台湾の東沖合２００㎞の北緯38・1度、東経１４２・９度、深さ24㎞を震源とするＭ９の地震、東日本大震災が発生した。日本列島付近で観測された初めての超巨大地震の発生である。この地震の巨大さを表す１つの事象として、気象庁のマグニチュードの発表の変遷があった。実際私は最初にＭ７の値を見て大した地震ではないと感じてしまっていた。地震発生を知らせるニュースの中で最初はこの地震のマグニチュードはＭ７クラスであったのが、時間が経過するとともにＭ８クラスと大きくなり、最終的にはＭ９と決められた。最初にマグニチュードを決めた波形が震源近くの観測点に到着したころには、まだ地震は継続中、つまり地震を発生させる断層はまだ割れ続けていたのだ。南北の長さ５００㎞、幅２００㎞が震源域で、推定される断層の大きさとなる。この断層が形成されるのに要した時間、つまり破壊が始まってから終了するまでの地震の継続時間は160秒程度と求められている。

1965年、地震予知研究計画が発足したころ、前震は大地震を予知する1つの手段になると考えられていた。私も「前震」を研究して論文を書いた記憶がある。地震がほとんど起きていない地域で、突然小さな（たとえばM3クラスの）地震が起こると、それに続いて被害を伴うような地震が起こる可能性が高いからと、前震は予知の1つの手段となりうると考えられていたのだ。しかし実際には、日常的に地震活動が起きていない地域に、ポツンと小さな地震が発生しても、それに続いて被害を伴う大地震が起こることを予測することは不可能に近いことがわかってきて、地震予知に関しては前震に注目することはなくなっていた。

気象庁の発表では千島海溝、日本海溝沿いでは2年に1回ぐらいの割合でM7クラスの地震が発生している、そしてM7クラスの地震が発生すると1週間以内にM8クラスの巨大地震やM9クラスの超巨大地震が100回に1回程度の割合で起こる可能性が高いので、注意情報を発して注意を喚起しようと新設されたのが「北海道・三陸沖後発地震注意報」なのだ。

第3章で詳述したが南海トラフ沿いの地震も、1944年の東南海地震（M7・9、Mw8・1）と1946年の南海地震（M8・0）と、短い時間では30時間、長いと2年間ぐらいの時間間隔で続発する性質があり、続いて起こる地震を「後発地震」と呼んでいる。気象庁は南海トラフ沿いの後発地震に対しても「臨時情報」を出して、注意を喚起することになっているので、南海トラフ沿いの地震と同じように大きな被害が予想される千島海溝、日本海溝沿いの地震に対しても注意情報を発することにしたようだ。

ただし2024年8月の「注意」は、ペアの地震が「半割れ」で、残りの部分の破壊された地震を後発と呼んだのではなく、M7クラスの日向灘地震に対し南海トラフ沿いの巨大地震全体を後発地震として「注意」している。

そこで明確にしておきたいのは北海道・三陸沖の後発地震は、その前に起きる「前震」に相当する地震より、マグニチュードが1以上は大きいのだ（2024年の日向灘地震も同じ）。前震に相当する地震は大地震（M7クラスの意）だが、後発地震は巨大地震か超巨大地震と呼べる地震で、津波の被害も予想される地震である。これに対して南海トラフ沿いの地震は2つとも巨大地震なのだ。最初の地震と後発地震とは同じように大きな津波を伴う地震と考えられる。同じような地震が2つ続くので後の方を「後発地震」と呼んでも違和感はない。北海道・三陸沖の地震をこのように呼ぶのは誤解を生む命名だと考える。

気象庁が根拠とするデータがどのようなものか十分理解していないので、無責任な記述になるかもしれないが、北海道・三陸沖で本当に2年に1度ぐらいの頻度でM7クラスの地震が起きているのかという疑問がある。またM7クラスの地震の後M8クラスの地震の「後発地震」が起きる割合は100回に1回程度だという、単純計算ではこのような後発地震は200年に1回しか起きないことになる。

NHKのテレビだったと思うが、この情報の解説の折、東日本大震災（東北地方太平洋沖地震）とともに、1963年10月13日の択捉島付近（北緯44・0度、東経149・8度、M8・1）の地震を取り上げ、その18時間前に、付近でM7・0の地震が起きていたと解説していた。ただし最初に起きた地震は『理科年表』には掲載されていない。またこの地震による津波の被害は軽微で、花咲で1・2m、八戸で1・3mだった。

100回に1回のM7クラスの地震に対し、巨大地震の発生する割合は100回に1回という話とは矛盾し、この地震の50年後には東日本大震災が発生している。50年後には起こったのだから、注意情報を発する価値はあるとの意見が出るだろう。しかし日本海溝沿いでは、すでに記しているように「明治三陸沖地震」（M8¼）「昭和三陸沖地震」（8・1）などは前震がなく、突然発生しているので後発地震とは呼べず、余震も少なかったが本震―余震型の地震なのだ。

したがって、千島海溝、日本海溝沿いの巨大地震の発生前に、必ず注意情報が発令されるわけでもないことを、まず理解する必要がある。突然巨大地震が発生して大津波に襲われることは今までと変わらない。

情報が出たから必ず巨大地震が発生するわけでもない。むしろ情報が出ても巨大地震が発生しないことの方が断然多い。その通りになる確率が極めて低いのに、情報が発せられるのだ。私たちはその情報にどのように対処したらよいのだろうか。

この情報発信が施行される数日前のＮＨＫテレビのニュースの中で、世論調査の結果が報じられていた。驚いたことに30％以上の視聴者は情報が発せられたら「必ず地震が起こる」と思っていることだった。２回に１回ぐらいの割で起こると考えている人を含め、半分以上が「近いうちに巨大地震発生」を信じていた。１００回に１回と正しく理解していた人は10％以下だった。ただこれは回を重ね、そのたびに啓発を続ければ、一般常識になっていくだろうし、そのようにしなければならない。地震に成熟した社会の１つの姿がそこにある。

そのうえで個人、行政、企業などが、それぞれに適した対応を考えなければならないが、少なくとも個人的には、「津波が来るから１週間ぐらいは高台に避難しておく」などという対策は過剰な対応になるだろう。せいぜい地震が発生したら津波が来るから、「日ごろから用意してある防災グッズを持っていつでも避難所に行ける準備をしておく」程度であろう。そのような注意を１週間程度続けることによって、地震が発生した場合の犠牲者が少なくなる、皆無にしたいというのが、この注意報の主旨であり、その趣旨に沿って日向灘地震でも「巨大地震注意」が発せられたのだ。

２０２２年9月30日、政府の中央防災会議は、千島海溝、日本海溝沿いで巨大地震、あるいは超巨大地震が起これば津波で最大20万人の犠牲者が予想される、著しい津波災害の恐れのある地域として北海道羅臼町から、青森、岩手、宮城、福島、茨城、そして千葉県銚子市までの太平洋に面した7道県１０８市町村を「特別強化地域」に指定した。寒冷地では積雪期には避難に時間がかかることも考慮した対策が求められている。

注意報の対象はこの地域になる。巨大地震、超巨大地震は起こらなくても、この地域は日本列島内では地震の多発地帯に面している。自分が経験するか否かわからない２００年に1回の巨大地震、１０００年に1回の超巨大地震を心配するより、2年に1回と言われる大地震に備えるほうが、地震対策としては重要であろう。

２００年に1回の巨大地震、１０００年に1回の超巨大地震は、結局は地球の寿命での話である。そんなタイムスケールで警報や注意報を本当に出す必要があるのか、再度検討することが重要である。私は後述するように、地震対策として抗震力を提唱している。日頃から抗震力を考えていれば、注意報が出ていても出ていなくても関係なく、いざというときに少なくとも自分も家族も命を失うことの無い行動がとれるようになるだろう。

２０２４年8月の「巨大地震注意」や本節で述べた「後発地震注意報」は、今後も継続されるであろう。その場合には発表の方法に工夫を凝らし、１人でも多くの人がその実情を理解し、地震に関する知識を増やすことになれば、日本全体の「地震に強い街造り」「地震に成熟した社会の構築」への道程になろう。

コラム６

津波（tsunami）

１９６０年代頃まで、津波は英語で tidal wave（潮汐波）と呼ばれていた。tide（潮汐）は太陽や月などの天体からの外力によって発生している、津波は地震によって起きているので tidal wave は正しくない。そこで seismic sea wave（地震性の海の波）とも呼ばれた。

しかし、20世紀後半ごろから津波のローマ字表記の「tsunami」が津波の呼称として、国際的にも広く使わるようになった。日本列島はしばしば津波に襲われ、そのたびに数多くの津波に関する科学論文が出版された結果である。いまや tsunami は学術用語である。

津波の伝わる速さは海の深さに影響を受ける。一般には海の深さの平方根に比例する。

地球上の海洋底はほぼ水深５０００ｍの海平原が広がるので、太平洋を進む津波の速さは約８００㎞／ｈ（毎時８００㎞）だから、ほぼジェット機と同じである。

その津波の周期、つまり高い波が襲来し、一度引き潮になり、再び高い波が来る、その時間を「津波の周期」と呼び、高い波から高い波までの距離を「津波の波長」と呼ぶ。

したがって津波の周期を15分とすると、津波の波長は２００㎞にもなる。

このように津波は一度発生すると、同じような周期で繰り返し襲ってくる。一度潮が引いたからと言って安心してはいけない。必ず２波、３波と続いてくるので、十分に注意が必要である。

１９６０年日本を襲ったチリ地震津波では、日本列島全体で死者・行方不明１４２名が出た。発生から22時間後に日本に襲来している。噂では津波発生の電報は気象庁の地震課長の机に届いていたが、対応は取られなかったと言われ、多くの死者が出る悲劇となった。

コラム7

チリ地震津波

1960年5月23日、チリの沖合で発生した地震はM9・5と現在でも、史上最大の地震とされている。この地震による津波はまずハワイで大きな被害を発生させている。ハワイ諸島の最東端に位置するハワイ島のヒロ湾は東に大きく口を開けた地形で、侵入した津波は湾奥に入るほど高さを増していき、ヒロの街を襲った。

写真4　津波で破壊された街が公園となったヒロの公園

当時津波に襲われた地域は、街が再建されることなく、公園になっている。海岸沿いの道路を隔てて、かなり広い地域が公園となり、建物は建てられておらす、カメハメハ大王の像が立っているだけである。そして津波が到達しなかった地域から内陸側が、現在のヒロの市街地である。

チリ地震津波が日本に到達する10時間前には、ハワイでは津波に襲われていたのだから、その情報が日本に届いていれば、少なくとも死者を出すことはなかったのではないかと考える。しかし、津波発生の電報は気象庁には届いていたという話とともに、当時は外国で起きた地震による津波に関しては、国中が鈍感だったことは確かであろう。

その後ハワイのパールハーバーに「津波センター」が設置され、太平洋で起きる津波の情報発信をするようになった。

チリ地震津波で有名になったのが宮古市田老の防潮堤であった。田老村（当時）は1933年3月3日の三陸沖地震の津波被害を受け、海岸に津波を防ぐ高さ10ｍの防潮堤を建設していた。建設から時間が経過すると、住民からは海が見えず景観が悪くなったというような非難が出始めていた。そんな折、チリ地震津波が襲来し、６ｍ程度の津波を完全に防ぎ、防潮堤の有効さが認められた。

この事実を知り、隣の釜石市でも30年と30億円（地元住民の話）をかけて、湾内に高さ10ｍの防潮堤を建設した。しかし、釜石市の防潮堤は一度も津波を防ぐことなく、２０１１年３月11日の東日本大震災で、すべて破壊された。

なおチリ地震津波は日本列島には真東から進入してくるので、リアス式海岸では広い湾口のエネルギーが、湾奥に入るに従い狭められ波の高さが高くなり、被害が増大した。三陸沿岸では５～６ｍ、そのほかでは３～４ｍの波高だった。

同じ事は東日本大震災でも言えた。

第5章
地球の寿命の問題点

1 地球の寿命の議論の例

地球物理学を学ぶ者の1人として、これまでもっとも衝撃を受けたと心に残っているのが、愛媛県西宇和島郡伊方町の四国電力伊方発電所（以下、伊方原発）の安全性を巡り争われた裁判である。地元の漁業組合は漁業権を放棄して賛成に回ったが、建設に反対する住民側は、いろいろな手段で反対を訴え続けた。それぞれの裁判は1972年から2000年の間に開催され、結局は住民側の敗訴に終わった。しかし、その中で私にとっては看過できない1つの裁判があった。詳細は忘れてしまったが、判決の趣旨は以下のようである。

「9万年前に発生した九州阿蘇山のカルデラ噴火では、火砕流が豊後水道を超えて、佐田岬半島にも押し寄せて、噴出物が堆積している。同じような噴火が今後発生すれば、伊方原発には甚大な被害が発生し、住民の安全性が脅かされるので、原発は作るべきではない」

このような趣旨で、建設すべきでないとの結論で、住民「勝訴」の判決だったと記憶している。

裁判官の主張は主張として、私はこの判決に極めて違和感を覚えた。

阿蘇カルデラは30万年前から9万年前までの間に4回の大きな活動期によって形成され、その後はカルデラ内に現在活動している中央火口丘が形成される活動が続き、現在の阿蘇山の形が出現した。9万年前の活動期には確かに、噴出した火砕流が豊予海峡や豊後水道を超え伊方地域に達した記録は地層（堆積物）という明らかな証拠により残されている。

カルデラ噴火という火山現象は南九州ではしばしば発生はしていたが、それもほとんどは数十万年あるいは100万年以上前の出来事である。日本列島内では大規模なカルデラ噴火は過去10万年間に12回起きたことが知られている。9万年前の阿蘇山の噴火もその1つである。日本列島内で最も新しいカルデラ噴火は7300年前に発生した九州の南部にある鬼界カルデラであるが。その後、カルデラ噴火は発生していない。ということは日本列島では縄文人も弥生人も、そして現代の私たちもカルデラ噴火には遭遇していないのである。

阿蘇山でカルデラ噴火が発生した9万年前の日本列島はどんな姿だったのだろうか。『理科年表』によれば、日本最古の石器時代の遺跡でも5万年前程度の年代である。縄文人、さらには卑弥呼の弥生人の出現は、そのはるか後になる。日本列島に石器時代の人が住み、縄文人、弥生人と進化を続け、現代の我々になった。その間に「阿蘇のカルデラ噴火」は一度も起きていない、今後も起きないだろう。このカルデラ噴火は地球の寿命での話である。しかし裁判官は人間の寿命の中でカルデラ噴火が起きるとして、判決を決めたのである。

伊方原発をはじめ日本の原発の稼働寿命は数十年らしい。とりあえず40年程度稼働させるとしておき、大修理をしてさらに数十年稼働させようとしているのが、現在のパターンのようだ。議論を進めるうえで、ここでは原発稼働期間、つまり原発の寿命を１００年としておく。すると「火砕流が襲来する可能性があるから原発建設は不可」とした裁判官の思考過程は、「9万年前に起きた現象が、これからいつ起きるかわからない、いつでも起きる可能性がある。だから原発は建造すべきでない」。つまり裁判官は最後の結論では人間の寿命で考え、地球の寿命の中で発生する現象が、人間の寿命の中で起きる可能性があると置き換えたのである。

人間の寿命を中心に考えれば、「9万年前の出来事が、これから100年間に再現される可能性は極めて低いので、原発を稼働させてもよいではないか」ということになる。

自然現象に絶対はない。しかし、それに囚われてしまうと、何もできなくなる。この話は次節にも続く。

2　活断層と原発

どのような法律があるのかないのか詳細は知らないが、とにかく活断層の付近には原発を建設してはならないらしいし、それは当然である。しかし、「敷地内に活断層がある地域には原発は建設すべきでない」は最低の条件であろう。実際報道で見る限りの知識であるが、活断層の存在を考えたら、日本列島内では、ほとんど原発を建設できそうな場所は存在しないのではないかと考えている。

そんな明らかなことが、原発が建造され稼働後になって問題になって、いろいろ議論されているのを見ると笑い出してしまう、低レベルの議論の繰り返される様子が、ときたまテレビで放映されており、記憶に残っている。やや重複するが、もう一度この問題を整理しておく。

地球は誕生してから46億年と推定されている。その生涯の長さを１００億年と仮定して議論を進める。人間の寿命を１００年とすると、地球は人間の１億倍長生きすることになる。人間の1秒という感覚は、地球では1億秒、およそ3年2か月になる。人間の３秒は、地球感覚では10年となる。人間社会で時間に厳しい人でも、1分くらいは誤差と認めてくれるだろう。人間にとっての1分は地球感覚では２００年に相当する。２００年は人間の寿命の2倍である。地球感覚では誤差のうちの出来事も、人間にとっては無関係、あるいは関心が持てない事象になってしまう。

関東地震のように発生間隔が２００~２５０年ぐらいとすると、地震が発生した後にその地域に居住する多くの人々にとって、現在の私たちと同じように、関東地震は無関係と言えるのだ。事実、関東地震の翌年１９２４年に生まれ、神奈川県の湘南地方に住み続け、２０２３年に亡くなった知人がいたが、彼は第２次世界大戦の戦災は経験したが、関東地震の震源地の上に居住しながら一度も震災には遭遇しなかった。わずかに２０１１年３月11日の東北地方太平洋沖地震で震度５弱を経験しただけである。その人にとっては、90年近く生きていて、初めて経験する震度５弱であり、結果的には生涯ただ1回経験した震度５（強・弱）だった。

地球の寿命で考えるべきことが、人間の寿命にすり替えられ世の中に混乱を起こしていることの1つが、原発の立地と活断層の関係である。２０２４年7月26日、原子力規制委員会は、日本原子力発電敦賀原発２号機は「原子炉建屋の直下に活断層のある恐れが否定できない」として、原発の安全対策を定めた新規制基準に初めて適合しないと結論づけ、原発は廃炉の判断を迫られると報じられた。

原発が活断層の上に建設されている。活断層はいつ活動するか分からない。活動すれば大地震発生の可能性があり、危険だから原発は稼働すべきでないと言うことのようだ。

私がたまたま見たテレビで、関係者の現地調査の様子が放映されていた。ある私立大学の教授が専門家として、調査に参加していた。彼は断層が建物内を通過していると盛んに主張していた。断層の真上に建造物があれば、もしその断層が動けば（地震が起きれば）被害が発生する割合が高いことになることは誰もが理解していることである。

断層の存在を声高に主張する割には、その断層がどのような形で存在するのかの説明はない。断層面が垂直か、傾いているのか、過去の履歴は分かっているのか、ましてや今後活動するとしたらいつごろか、などの説明は全くしない。ただここに断層が通っているとゼスチアたっぷりに説明していた。日頃マスコミを相手にしたことのない教授が、カメラの前でここぞと声を張り上げていた姿は、私にはピンボケの写真を見ているように思えた。

私が専門家に教えて欲しかったのは、存在しているという活断層の過去の履歴と将来の見通しである。そのような見通しもなく、ただ「活断層だ」を連呼する姿は、学者とは思えなかった。もちろん、日本列島すべての活断層で履歴がわかっているのは、ほんの数条の活断層だけである。ほとんどは履歴のわからない活断層である。しかし専門家ならそれなりの説明をしてこそ、原発賛成、反対の意見表示以前の専門家としての姿勢である。

テレビを視聴していて感じたのは、断層の有無の実りの無い意見より、活断層の上にある建物が、震度7の直下地震にどのようにしたら耐えられるかの議論が聞きたかった。

したがって敦賀原発では指摘された活断層の活動間隔も、その最終活動期も人間には不明である。すべては地球の寿命の話なのだ。そこに存在する断層が活断層だったとしても、原発が再稼働して、仮に今後30年間、あるいは50年間稼働を続けたとしても、その間に大地震が起こる（断層が活動する）可能性は、限りなく0に近いのだ。ただし自然現象なので、現代に生きる我々人間が「大地震は絶対に起きない」と断言はできない。しかし、私の個人的な感覚では大地震は起きないと考えている。地球の寿命での「危ない」をまともに信じて、せっかくまだ稼働可能な原発を廃炉にするとしたら、それは典型的な無駄使いではないだろうか。

敦賀原発の場合、廃炉を決定する以前に、原発の建屋に延びる断層のトレンチ調査はできないのだろうか。トレンチ調査は次節で詳述するが、現地で行えば、科学的な事実として活断層の活動状況が解明され、次の活動（地震発生）の手がかりも得られるだろう。原子力規制委員会がどのような組織か知らないが、ただ活断層の上にある、あるいは１００ｍは離れているなどというような、レベルの低い議論ではなく、断層のトレンチ調査で結論を出すのが、科学的手法のはずだが、どうなっているのだろう。素人の私でも本質を突いた議論がなされていないことに、違和感を覚える。

伊方原発でも同じような議論が起きていたが、人間社会で、活断層の活動間隔、地震や火山噴火の発生など、地球上の現象を語る時は地球の寿命を十分に考慮する必要がある。現在の人間社会はこの点を考慮せず、的外れの議論を重ねていることが少なくないと考えている。

3 活断層の調査

地球の寿命での現象を、どのように調べるのか、活断層を１つの例として紹介しておく。すでに記したように、大地震が発生すると活断層、活断層と、話題になる割には、調査がされている活断層は極めて少ない。少ないというよりは稀である。多くの場合、ほとんど調査もされておらず、それまでの地形学や地質学の知識から、活断層と定義し、その活動間隔を予測しようとしている。そして活動間隔が予測できる活断層は極めて少ないのである。

１９３０年に発生した北伊豆地震（Ｍ７・３）は、掘削中の東海道本線の丹那トンネルの中に断層が走り、２・７ｍほどの横ズレ断層が出現したことで知られている。丹那トンネル内部は、その部分だけ幅が広くなっている。その断層はトンネルの上の地表面にも現れていた。丹那断層と命名されたこの断層は、静岡県函南町を中心に、北の箱根・芦ノ湖南岸から伊豆半島中部の原保に達する全長35㎞、左横ズレ（断層に向かって立ち反対側が左方向にズレている）断層で、水平方向には２～３ｍ動いた。

このように断層の存在がわかっている場合は、調査も比較的簡単だが、一般的には断層の有無も分からない地域から断層を探し出すことから始めなければならない。20

世紀の間は、断層の存在を見つけるのに地形図作成のために撮影された空中写真を判読して、平坦地の段差、河川や山の尾根の水平方向へのくい違いなどを見つけ出す。近年はこの作業に人工衛星からの写真も使われるようになった。

写真判読で食い違いが見つけ出されると、現地調査をして地形図の上に断層の位置が示される。断層の存在が示されると、その周辺でボーリング（掘削）調査が行われる。断層周辺の地層の種類や構造、特徴などを知ることが必要である。地表から孔を掘削し、逐次、コアサンプル（柱状試料）を採取して行く。２点、３点と掘削孔を増やし、それぞれのコアサンプルを対比させ、断層の過去の活動の姿を推定していく。

ボーリング調査が活断層を点として調べるのに対し、物理探査は人工地震や重力測定の手法を用いて、断層面を２次元的に調べられる。探査の側線を複数回に拡張すれば、３次元的な構造も見えてくる。

さらに詳細な活断層の調査にはトレンチ調査が行われる。断層が動くと地表面には上下方向にも、水平方向にもズレが生ずる。長い年月の間には洪水の土砂、火山灰の堆積などで埋まり、わからなくなる。断層運動で生じたずれは地表では判別しにくくなる。地表面ではそのようなことが繰り返されている。

そのような断層で過去の活動を知るには、断層に沿ってある幅の溝（トレンチ）を掘り、地表から見えない地層の履歴を調べるトレンチ調査が効果的である。トレンチ調査は断層を挟み、地層が連続的に堆積している場所で実施される。しかし、そのような好条件の場所の選定は容易ではない。その中で、史上初めて学問的な成果を上げたのは丹那断層のトレンチ調査であった。

トレンチ調査の結果、この断層付近では過去６０００年の間に堆積した地層に、９回の地震の跡と４枚の火山灰層が確認できた。その成果をまとめたのが図10である。確認できた地層をA、B、C、・・Iとして縦軸に示し、その起きた年代を現在から過去にプロットし横軸に示した。各地震の横棒の長さは、地震が発生した時代の不確定さを現している。Dの地震のように、その発生時期が１０００年前から３０００年前と２０００年もの幅がある例もある。そのような誤差のあることを承知で引いた直線が点線で示されている。その直線の勾配から、丹那断層が等間隔で活動していると仮定すれば、その発生間隔の平均は７００年となる。この図のAは北伊豆地震、Bは

図 10
丹那断層の地震の発生間隔
(原図は丹那断層発掘調査グループ（1983）による

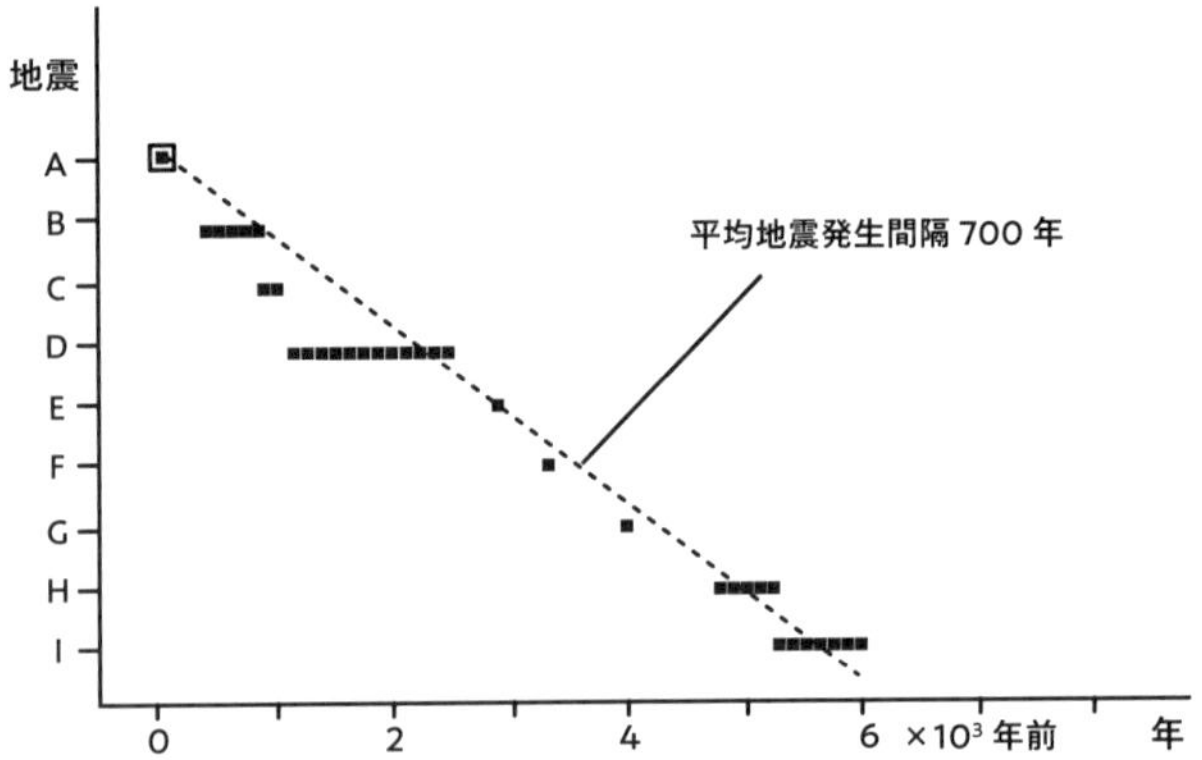

８４１年「承和の北伊豆地震」（Ｍ７）と推定されている。確認できた地震はこの２つだけである。図から明らかなように、点線の勾配は引き方で多少は変わる。７００年間隔が１０００年間隔になっても同じである。「丹那断層は７００〜１０００年のほぼ同じような間隔で活動している」ことが明らかになった。すでに読者は気が付いているだろうが、この北伊豆地震の発生間隔の７００年と１０００年の差は、地球の年令から考慮すれば、人間にとっての数分の差にしかならない。

北伊豆地震のこのトレンチ調査は1981年に実施された。6000年の間に9回も大地震を発生させている活断層でも、その発生間隔は数百年と人間の寿命の数倍も長いことが明らかになった。それは最近の活動が1930年だったから、少なくとも今後数百年間は北伊豆地震の再来はないことを意味する。

以上の説明はすべて地球の寿命に沿った説明であることを、理解されたと考えている。

このような調査の積み重ねによって、活断層1つ1つの活動状況が明らかにされる。前節で示した敦賀原発の「活断層に関してのやりとり」が如何に無意味な議論であったか理解されるだろう。

写真5　丹那断層
並んだ石がずれている

４　それでも地球の寿命にこだわりますか

人間の寿命と地球の寿命によるタイムスケールの違いを、いくつか述べてきた。私自身は自分の生きている領域を自覚しながら毎日を過ごしてきたつもりだ。したがって、２０２４年８月８日の「巨大地震注意」はなんとなくしっくりこなかった。その理由はすでに述べたように人間の寿命で考えていた巨大地震の想定震源域がいつの間にか拡大され、地球の寿命のタイムスケールになっていたためと、自分自身には言い聞かせている。

さらに読者には地球の寿命につき２つのことを問いたい。

1、地球上には毎日何十個という隕石が宇宙から飛来しています。人間が直撃されれば運が悪ければ死に至ります。毎日心配ではないですか。

2、凡そ６５００万年前、地球上に大隕石が衝突し、その飛ばされた土砂によって

地球上は覆われ、栄華を極めていた恐竜が絶滅しました。同じようなことが起これば次は人類の滅亡かもしれません。あなたは心配ではないですか。

実際一般講演などの際にも、このような質問をしたことが無いのでどんな答えが出るかわからない。しかし日常の人々の生活態度を見ていれば、どちらもまったく気にしていないのだろう。つまり、そうなる確率が極めて低いから、話には聞いていたが、実際には自分の生きているうちは起らないと楽観視しているからであろう。生涯通じて、「発生確率の極めて低いことに心配しても仕方がない」が1つの結論である。

地球上に繁栄していた巨大生物が、すべて死に絶えたというのは理解しにくいかもしれないが、私は、現実的に起こりうるとして考えている。それでも実感が湧かない。1980年代、小松左京の「復活の日」が映画化され、南極以外の大陸で人類が死に絶えた話があった。日本列島にも、ユーラシア大陸にも、南北アメリカ大陸にも、累々と横たわる死体、その風景も長くは続かないはずである。そんなことを考えながらも、自分は人類最後の日を経験する前に、この世からいなくなっていると、暗黙裡に考えている。

厳密に言えば、いくら短くてもそのような出来事が起こらないとは限らないのだが、楽天的なのか、私の脳裏には最悪の事態は湧いてこない。

隕石の落下についても同じである。自分が直撃されるはずはないと考えているのだろう。

いずれにしても人間は地球の寿命で起こる現象に対しては、全体的に関心が薄いか、関係ないと考えている人が多そうである。地球の寿命で出される諸情報も、同様に取り扱われるのだろう。

地球の寿命で考える現象に対し、いくら危険だから、災害が起きる可能性があるからと広報しても、「巨大地震注意」のように、その時は指示に従っても、時間が経過すれば、すべては忘却の彼方になり、おそらくほとんどの人の心には何も残らないのではなかろうか。

地球の寿命での情報発信に関しては、国民１人ひとりにその主旨が伝わる方法を考えなければ、２０２４年8月の「巨大地震注意」と同じように、なかなかその真意が伝わらないのではなかろうか。情報が発信されるたびに、たとえ全国民に０・１％の人でもよいので、その真意を理解し「地震に成熟した社会の構築」へ向けて推進して欲しいし、そのような情報発信をして欲しい。

第6章 結論

１　学者の責任

地球を相手とする研究者は、一般的に、人間の寿命と地球の寿命のタイムスケールをミックスして話をしている。それは専門家同士の会話だから成り立つ話である。ところが一部の学者・研究者は、仲間内の会話と同じ調子で、一般の人々にも２つのタイムスケールの違いを説明することなく話をする。そこで大きな混乱が生ずるのである。

私には忘れられない思い出がある。ある火山の噴火を検討する会議で、学者、研究者のほかに多くの行政官が出席していた。

話は火山の噴火の可能性につき検討しているときの事だった。その火山はしばらく噴火をしていないので、その会議の頃から先も5年や10年は噴火の心配はないだろうとの話になってきていた。その時、火山の専門家が発言した。

「この火山はたった３０００年前に噴火しているのですよ」

出席者の多くは多分「たった3000年前」という表現に驚いたのではないかと思った。なかには「学者先生は言うことが違う、3000年前を「たった」と表現した」と思った人もいたようだ。そこで私はすぐ反論した。「たった3000年前というが、その存在も定かでない神武天皇より400年も前の話ですよ、これからしばらくも噴火の可能性は低いと考え矛盾はないでしょう」と言った。

私が神武天皇をだしたことによって、出席者の多くは、噴火ははるか昔の話だったと理解したようだ。

ここで私の発言はあくまで人間の寿命で話しているのに対し、「たった3000年」は地球の寿命の話である。会議の目的は人間の寿命で、噴火が近いうちにありそうか否かの議論である。明日か明後日、あるいは1年後か10年後か、とにかくそのくらいの時間のうちに噴火が起こりそうでなければ、噴火の心配を強調しない方が良いというのが会議の目的であった。あくまでも人間の寿命の話の中に突然地球の寿命が入ってきたので、混乱した人もいたようだ。

このように学者・研究者は相手のことを考えず、自分本位の話をして、相手に通じないことも気にせず、自己主張を繰り返す人がいる。「巨大地震注意」の時も、確率が0・1%だか0・2%上昇したが、「これは大変なことだ」と強調していた。主張している確率の内容を理解していないほとんどの視聴者には通じない話である。

気象庁の発表や専門家の会見がこのような、自画自賛的な会見なら、やらないほうが良いと考える。地球の寿命での話なら、いくら地震が発生すると言ってもほとんどは発生しないだろう。ただし自然現象に絶対はない。明日起こるかもしれないことを否定することはできない点が困る。地球の寿命と人間の寿命とのタイムスケールを考えて、わかりやすい表現で広報することを熱望したい。

2　人間の寿命だけの情報にして欲しい

南海トラフ沿いの巨大地震の発生情報に関しては、誤解を生まないために人間の寿命の範囲で、情報発信をして欲しい。具体的には旧東海・東南海・南海地震の発生した範囲に絞った情報発信が望まれる。この範囲での地震の発生は、すでに人間の寿命から見て２０６０～７０年を中心に前後20～30年程度と期間は区切られた。そこに存在する数十年のギャップを埋めるのが、地震予知研究計画で始まり、現在も実施されている諸観測である。各観測値に異常値が現れたら「情報提供」するのだから、詳細はわからなくても、異常があり、もしかしたら「巨大地震発生」につながるかもと、人々はそれなりに対応をするだろう。たとえ空振りになっても地震発生の情報は出ていないのだから、多くの人が納得するはずである。

地球の寿命の情報を入れることによって、これまであまり気が付かれなかった現象にも対応できると考えるかもしれない。たしかにカタストロフィなどは人間の寿命では、探知できないだろう。しかし、いずれにしても、国民１人ひとりが、常に抗震力を考えていれば、どんな大地震にも対応できるのである。

3　最後は抗震力で

「巨大地震注意」という情報は、南海トラフ沿いの巨大地震の想定震源域内で、Ｍ

７の日向灘地震が発生した、このような場合、低い確率ながら巨大地震が発生する可能性があるから「注意」という気象庁の発表だった。この発表の根拠は地球上のどこかでＭ７クラスの地震が発生したら、その周辺でＭ８クラスの巨大地震が発しする可能性があるので、発生確率は低いが「注意」したのである。過去に９回発生している南海トラフ沿いの巨大地震の中で、日向灘地震との連動は一度も認められてはいないのに、地球の寿命というタイムスケールにとらわれて発した「注意」であった。

端的に言えば、ほとんど発生の可能性のない巨大地震が、起こる可能性があるとして、１週間の注意期間を設定した。その結果、日本列島で人の移動のもっとも多い時期に、新幹線は減速して遅延、空の便には運休、海水浴は津波の心配があるから禁止など、楽しいはずの子供たちの夏休みの行事も中止させられた。

２０２４年８月８日のこの情報の発信は、ほとんどは無意味であり、二度とするべきではないと感じた。ただ利点を考えれば、国民の中にはその情報発信や被災した時の対応を考えた人がいただろう。そのような人々が多くなればなるほど、日本社会が「地震に成熟した社会」の形成がなされていくだろう。あえてこの点を利点と指摘するが、利点は少なく欠点の多い情報発信であった。二度とこのような情報は発するべきではない。

中には100回に1回ぐらいは、実際に巨大地震が起こるだろうから、このような情報発信も必要だろうとの意見も出るだろう。1回の成功に99回の失敗では、私は全く無意味である。もしこのような情報発信がなされないで、ただ1回の地震が起きたとする。その地震への対応は日ごろから行っている抗震力で十分対応できるのである。

抗震力は私の提案であるが、大地震、巨大地震、超巨大地震に遭遇した時に、とにかく生き延びることを目標にしている究極の地震対策である（『巨大地震を生きのびる』ロギカ書房、2023、『地震学の歴史からみた地震防災』丸善、2024）。

一般に地震対策と言えばすぐ避難所、食料の確保、トイレ問題など、それぞれの人が自分の得意分野を強調して対応している。そのどれをとっても被災後の生活には大切で、私も大賛成である。しかしちょっと考えて欲しい。

地震の大揺れで家が壊れた、避難所生活をしなければならないという人について考えて欲しい。その人たちは地震の大揺れに耐えて生命をとりとめた地震の被災者である。いわば運が良かったのか、とにかく大地震を生き延びて、どんなに苦労が付きまとっても未来が開けているのだ。

しかし大揺れに耐えられず、不幸にして命を落とした人はどうなるのか。そのような人々は犠牲者と呼ばれる。私は究極の地震対策は犠牲者にならないことであると考えている。犠牲者にならないために日ごろから地震対策を考える、その地震対策をひとくくりにして「抗震力」と命名した。知名度はまだ低いが少しずつではあるが世の中に浸透している。

四国・足摺岬付近の住人がM7の日向灘地震に遭遇したとする。M7の地震なら日ごろから鍛えていた抗震力で、無事生きのびられるだろう。仮に地震の被災者になっても犠牲者にはならない。

現在のルールでは、この時点で「巨大地震注意」が発せられるだろうが、もし発せられないとするとどうなるか。数日か数週間か、あるいは数カ月後かわからないがM8あるいはM9の南海巨大地震、あるいは南海超巨大地震に突然、遭遇することになる。ここでも抗震力を発揮して生きのびるだろう。

いくら情報を出しても、地震の起こらない、役に立たない情報に振り回されるより、しっかりと抗震力を理解し日ごろから身につける努力をすることによって、地震の犠牲者にならなくて済む。

正直、２０２４年8月8日の「巨大地震注意」の気象庁の発表をテレビで見ていたが、発表する人自身が、あまり自信がなさそうで、情報発信はしても「地震は起りそうもない」というような、苦しそうな発言に終始していた。したがって世の中にはほとんど役立たない情報発信と切り捨てることにした。

4　抗震力

地震対策は広義にわたるので、それをひとくくりにして抗震力とした。その詳細は表4（抗震力）に示す。抗震力の基本はシミュレーションである。ときどき時間、場所を選ばず、「今ここで地震が起きたらどうするか」を考えるのである。自宅の居間、通勤電車の中、デパートでの買い物中などいろいろな場所で地震に遭遇した場合を想

表4　抗震力のスコア化
（合計点7点以上で「抗震力がある」と認定する）

項目		細目		得点	採点
1	シミュレーション	A	・時々、時間・場所を選ばず「今地震が起こったら、どうするべきか」を考えている。 高層ビルでは長周期地震動も考慮 （それによりイメージトレーニングがなされていく）	1	
2	無事に帰宅	A	通勤、通学、所用での外出時、自宅に戻る方法を考えている（帰宅困難に備えてイメージトレーニング）	1	
3	壊れても潰れない家	A	・戸建て住宅 ※ 定期的に耐震構造の検査をし、震度6~7に耐えられる。 ・鉄筋コンクリートの集合住宅…耐震構造が確認されている	1	
4	居間や寝室の安全確保	A	棚からの落下物、家具の転倒の心配はない	1	
5	家屋の地盤	A	・家は、河川敷、田んぼ、沼などの跡や盛り土の上に建ってない。 （液状化の可能性の有無の確認） ・付近に崖崩れ、山崩れの心配はない	1	
6	その他の地震環境	A	不安定なものはない。※屋根からの落下物、庭の石燈籠など	1	
		B	住居が地震による火災の危険はない。 ※地震を感知すると自動的に消える都市ガスを使用。 その他の地震環境 ※転倒すると消える石油ストーブを使用。 ※感震センサーを備えている。など	1	
		C	自宅周辺や通勤通学の道路の危険箇所は熟知しており、避難場所なども知っている。	1	
7	津波	A	・海浜にいる時 ※地震を感じたらすぐ近くの高いところに 避難するつもりでいる。 ・津波避難ビルの存在を知っている。 ・海岸近くに住んでいる場合 ※どのような地震が起これば、津波襲来の可能性があるかを理解している	1	
8	正しい地震の知識	A	・地震の仕組みを理解している。 ※地震波には縦波と横波があり、その伝わり方の違いから「緊急地震情報」が発せられる。 ・大きな地震は同じ場所で繰り返し起こることを理解している。 ※太平洋岸では100-200年に一度、内陸から日本海側では数百年から1000年以上の間隔がある。 ・地域防災マップや全国地震動予測図などに目を通す	1	
合計得点					

像する。それと同時に、過去の大地震の被害写真などを見て、日常的に大地震が発生したらどんなことが起きるかも常に考えて置く。

大揺れに遭遇したら、まず落ち着けと自分に言い聞かすことである。地震を感じ大した地震でもないのにあわてて外の飛び出し、庭の石灯籠に抱き着いていたら、石灯籠が倒れその下敷きになって亡くなった人がいた。M6程度の地震で家屋の損壊もない地震だったが、死者は1名である。このように、まず地震だからとパニックにならないためにも日ごろからのイメージトレーニングを怠らないで欲しい。時間のある時、電車の中など、どこに居ても、いつでも考えられるのだからそれを積み重ねて抗震力を強く持って欲しい。

子供の通学路ではブロック塀はないか、電柱の上に重い物は乗っていないか、自宅の炊飯はガスか電気か、自分の枕もとの上には落下物がないかなど、列挙すればキリがないが、地震の大揺れで、今自分のいる状況はどう変わるかを時々考えるのである。

時には家族とも話し合う。そのような積み重ねによって、いざ揺れを感じた時も素早い行動ができ、少なくとも命を失うことは避けられる。家族を含め、交通事故に遭わないために子供たちに交通ルールを教えるのと同じような調子で、地震の大揺れでも命を失わない方法を身につけていくのである。

抗震力の表から分かるように、日ごろから自分の生活範囲での地震環境を知っておくことも重要である。自宅の屋根が瓦ぶきだとしたら、揺れているときには瓦が雨あられのごとく落下してくる可能性があるから、外に飛び出さないことを家族全員に周知徹底させることも基本の1つだろう。

海岸の近くに住んでいたら、津波に対する対応も考えなければいけない。

「地震の大揺れが来てもとにかく耐えて生きのびる、地震の犠牲者には絶対にならない」を基本に家族をはじめ周囲の人と日ごろから話し合い、巨大地震でも生きのびる力をつけて欲しい。

なお抗震力の有無の目安のために、表には点数を付けられるようにしてある。10点満点でも100点満点でも良いので1つの目標に使ってもらえれば自己診断ができ、効果が期待できるだろう。

コラム8

鯰と地震—宏観現象—

日本では「鯰が地震を起こす」と江戸時代には考えられていた。茨城県の鹿島神宮には「要石」が参道のわきにある。地面の下、どのくらいの深さまで埋め込まれているのかわからないが、柱状の石の頭部だけが地表に露出しているると推定される形状である。地中の鯰に打ち込み動けないようにしたとの言い伝えがある。

「鯰が地震を起こす」とはさすがに今日では、信ずる人もいないようだが、地震前に鯰が暴れるから、その発生がわかるだろうという人はまだいる。地震の前に鯰が暴れるなど異常行動を起こすか否かは、かつて青森県にある東北大学の浅虫臨海実験所で、かなり詳しく調べられたことがあった。その結果は「地震の発生と鯰の異常行動の間には関係は認められない」であった。

このような科学的な結果が出ているにもかかわらず、何かあるとすぐ「関係がありそうだ」と騒ぎ出す人がいる。

地震の前に飼い犬が落ち着かない行動をとった、鶏が異常に騒いだ、植物の樹液が変化したなど、大地震が起きると、必ずと言っていいほど、地震前の異常が語られる。このような地震に伴う動物や植物の異常現象を宏観現象と呼ぶ。

宏観現象で地震を予知しようとする試みは、古くから行われていた。特に大地震が起こると宏観現象での地震予知の可能性を説く人が増える。

しかし、現実には例えば飼い犬がいつになく吠えても、異常だと気が付くだろうか。そのほとんどは後追いで、地震の後、そういえば犬の吠え方がおかしかったなどと、宏観現象を認める発言にはなるが、では地震前に犬の異常な吠え方を感じることはできても、それが予知の手段として使用できるかと言えば、実際は不可能である。21世紀に入っては地震に際しても宏観現象の話は聞かれなくなった。

ただ私が学生時代に聞いた魚の先生（末広恭雄、・東大教授）の話は印象的である。先生の意見は「人間は英知があり、それでいろいろな困難を乗り越えている。動物は人間の英知の代わりに特殊な能力、本能を持っていて、危険を察知している。だから鯰も地震の起こる前に何か異常を察知しても不思議ではない」という内容だった。ただし、鯰が何か異常を察知したとしても、人間がそれを利用して地震を予知することは実際には不可能だろう。宏観現象での地震予知は不可能であると断言しておく。

コラム9

タテ（P）波とヨコ（S）波（地震に強くなるトレーニング）

地震が起きる地下の岩盤は弾性体と呼ぶ。地震が発生するというように弾性体が壊れる時には疎密波とねじれ波の2種類の波が発生する。地震もこの2つの波が伝わってきて、地面を揺らし、その揺れが地震なのである。

疎密波はタテ波、ねじれ波はヨコ波で、地震学では最初に来るタテ波をP波、後から来るヨコ波をS波と呼ぶ。地表付近では一般にP波の速度は7～8㎞／S、S波は3・5～4㎞／S程度である。したがって地震が自分のいる直下で発生すると、突き上げるようにP波が届き、続いてS波が水平に強く揺れる。

震源から少し離れると、まずP波が到着し、その揺れはカタカタとかコトコトと言った程度の揺れのことが多い。そして少し時間をおいてユサユサという感じの大きな揺れが来る。S波の到着である。直下型の地震では最初のP波の突き上げるような揺れでも被害が起きるが、ほとんどはユサユサと揺れるS波で被害が生じ始める。

地震を感じてもあわてない第一歩として、P波のコトコトとかカタカタを感じ取ることを繰り返してほしい。そのように注意を重ねていると、大した地震でもないのに、P波の揺れを感じるようになる。P波の揺れを感じて、「地震かな」などと考えているうちに、次のユサユサ、あるいはゴトゴトというような感じの揺れが続く。大地震でなければ、そこで揺れは収まる。

すぐテレビには「〇〇で地震が起こりました。震源の深さは10キロ、マグニチュードは4・0、津波の心配はありません」などというコメントと共に各地の震度が表示される。ですから地震で落ち着くことも含め、日ごろから地震を感じたら、まずP波かS波を識別できるようにしてほしい。慣れてくればその識別は容易にできるようになる。

次にまずカタカタを感じたとすると、つづいてユサユサが始まる。このカタカタからユサユサまでの時間を計測してほしい。その時間を10秒とすると、その10秒に8をかけてください。80キロになるが、この値が今自身のいる場所から震源までの距離である。

このP波の到着時間からS波の到着時間までを初期微動継続時間と呼び、その継続時間の単位は秒で、その値に8をかけた数字が震源までの距離をkmで表した値である。8という数字は震源から自分のいる場所までの地震波の速度から求めた値である。詳細は省くが、おおよその距離は得られるので、地震のたびごとに計測していると、少しずつ正確な値が得られるようになる。

こんなことの繰り返しから、あなたは地震に強くなっていく。さてユサユサの揺れが来てもすぐ止まらず揺れ続けるようなことがあれば、かなり大きな地震の可能性がある。日頃から抗震力を鍛えておけば次の対処法をすぐ考えられ、すばやい行動が可能になる。

地震だとあわてないことが重要である。家が潰れるような地震は一生に一度遭遇するかどうかの珍しい出来事である。あわてないで揺れの様子を見ながら次の行動に備えるのがベストである。

コラム10

緊急地震速報

最近は気象庁が緊急地震速報を発表すると、駅や電車内では一斉にアラームが鳴り、緊急情報が発せられたことがわかる。このような時、走行中の電車がどう対応するのが良いのか、どのようなルールになっているのかは知らないが、私はこの制度が実施された２００７年10月１日以来、あまり役立つ情報ではないと考えている。

最近はほとんどの人が理解してきたようだが、この情報は地震が発生してから、発せられる情報で、その情報の地震によって、自宅が潰れるかもしれないのだ。しかしその時はすでに地震は発生しているのである。

この速報の主旨は、地震が発生したら先に各観測所に到達するＰ波を捕らえたら、その到着時刻や、初動方向や、初動の大きさを自動的に計測する。少なくても４～５点の観測点で最初に到達したＰ波の読み取り値が得られると、とりあえずどこでどのくらいの大きさの地震が発生したかがわかる。

その地震によって震度４以上の地域が現れるようだと、大揺れが予想されるＳ波が到着する前にその地域に情報を提供すると言う主旨のシステムである。

すでに十数年の実績のある速報だが、私はこのシステムが目的通りに機能しているという例を聞いたことが無い。

まず、震度４の地域に情報が発せられると、その地域では当然身構える。ところが心配するような揺れには襲われなかったという例が圧倒的に多そうだ。逆に速報が発せられても、すでにそれ以前に大揺れが来て被害が出たという例もある。これは震源に近いので、もともとこのシステムは適応できない地域である。

例えば２０２４年１月１日の能登半島の地震の時、３００～４００㎞離れた首都圏にも速報は流れたが、ほとんど揺れは感じない程度の地震であった。

地震が発生し、いくつかの観測点に地震波が到着して、その値を使って出す情報であるから、震源近くで発生した地震では、当然役立つ情報にはならないことをまず理解してほしい。そして現実には役立たない例が圧倒的に多い。情報を受けてから身構えていたら確かに揺れが来た、かなり揺れたが、被害がでるほどではなかったという例も多い。

結論として、緊急地震速報はあくまでも地震が発生し、その初動の波が複数の観測点に到着してから発せられる情報だということを理解し、それぞれがどのように対処すべきかを日ごろから考えておくことを勧める。いずれにしても速報が発せられたとあわてることがないようにしてほしい。

コラム11

長周期地震動

21世紀になって、地震に際し急に問題化してきたのが長周期地震動である。１９６０年代、建築法の進歩によって日本でも超高層ビルと呼ばれるような建物が建ち始めた。それまでのコンクリートの建築物は、剛構造と呼ばれがっしりとした構造で地震の大揺れに耐える建物であった。その後技術の進歩で柔構造が採用され、高いビルでも地震ではしなやかに揺れるような建築が可能となり、日本でも超高層ビルが建て始められた。

そして気が付いたら、現在はタワーマンションと呼ばれる高層ビルが都会の真ん中に林立する時代になった。

１９９５年の阪神・淡路大震災でも高さが１００ｍを超す30階建てのビルが地震に耐えた話が広まり、日本国内でも超高層ビルの建設ラッシュが始まったようだ。このように超高層ビルは地震には強いというの印象で、見晴らしの良いタワーマンションに住みたいと考える人は増えているようだ。

しかし、地震に強いはずの高層ビルに、意外な弱点があることが、最近の地震でわかってきた。それは「長周期地震動」である。

地震波はP波とS波と紹介した。そして被害を受けるのはほとんどユサユサと揺れるS波の横揺れとも説明した。(コラム9参照)

ところが、近年、遠方で起きた地震なのに自分の住む超高層ビル、あるいはタワーマンションが大揺れに揺れたという話があちこちで聞かれるようになり、そのような現象は長周期地震動と呼ばれるようになった。

細長い棒を持って手首を揺らすと、その棒全体が大きく揺れる。特に手首の動きが棒の長さに調和すると良く揺れる共振という現象が起きる。超高層ビルに共振を起こさせる波は、P波やS波ではなく、それらの波が地球表面で反射したり屈折したりして形成される表面波による。表面波はP波やS波の実体波よりも伝わる速度は遅く、周期も長い。地球の表面を遠方まで同じようなエネルギーを維持して伝播する。ただし、人体には感じない程度の揺れである。

その伝播途中で、表面波の周波数に共鳴するような高さの超高層ビルがあると、そのビルは大きく揺れ出す。その揺れの周期は数秒から20秒ぐらいだが、その揺れる振幅は1ｍ以上にもなる。当然固定していない家具は動き出し危険だ。

伝播する表面波と共振する建物とは、必ずしも震源に近いところとは限らない。５００㎞も離れた地点で長周期地震動が発生した例もある。揺れ幅（振幅）は大きくてもビルは壊れることはないと言われている。

タワーマンションへの入居を希望している人には注意が必要だ。なおこのような長周期地震動の発生するビルは、大体14～15階建て以上の建物だとされている。

コラム12

防災力

　私の提唱する抗震力は地震に遭遇しても、犠牲者にはならない術《すべ》を身に着けることと定義している。それに対して防災力という言葉も使われている。防災力の意味は人により多少は異なるようだが、本書では不幸にして大地震に遭遇し、被災後に被災者になっても「十分な対処ができる」ことを目的にしている。

　個人としては「食料や水の備蓄、防災グッズの準備」などが重要視されているようだが、より求められることは「被災地域のコミニュティとして被災状況下の困難をどのように乗り切っていくか、その力が「防災力」である。

　個人、個人の防災力も重要だが、被災後はコミニュティ全体としてどのような備えがあり、「共助」の体制ができているか、あるいはできるかが問われるだろう。

個人の防災力として考えておかなければいけないのは、多少は壊れても地震後に自宅に住み続けられるか否かである。日頃から自宅の耐震強度を考えながら、いざというときには避難所に行くことも含め心の準備をしておくことが重要である。

個人個人によってその置かれた環境は異なる。抗震力同様に、普段から時々被災者になった場合を考え、まず心の準備を、それから必要な事項に対処するようにして欲しい。

あとがき

2024年8月8日、気象庁から南海トラフ巨大地震につき、その発生の可能性があるからと「巨大地震注意」が発せられた。南海トラフ沿いの巨大地震についてはかねてから注目されていたが、このような情報発信は初めてだった。関係する地域の自治体をはじめ、国民の多くがその対応に苦慮した。

盆休みという日本でもっとも人の流れが大きくなる時期ではあったが、多くの国民が1週間、その行動を自粛した。このような警報の場合、人々の耐えられる時間は1週間とされ、その1週間は何事もなく経過した。

「注意」の影響は、交通機関や観光業に大きかった。真夏の静かな海を目の前に、海水浴のできない子供の姿がしばしばテレビで放映されていた。

「巨大地震注意」はルールにのっとり粛々と行われた。そこには何の瑕疵もなかった。しかし私には、過去の例からとても考えられない情報発信だったとしか受け取れ

プロフィール

神沼 克伊（かみぬまかつただ）

国立極地研究所並びに総合研究大学院大学名誉教授
固体地球物理学が専門
1937 年 6 月 1 日生まれ
神奈川県出身

1966 年　3 月 東京大学大学院修了（理学博士）、
東京大学地震研究所入所・文部教官助手
地震や火山噴火予知の研究に携わる

1966 年 12 月～ 1968 年 3 月　第 8 次日本南極地域観測隊
越冬隊に参加

1974 年　5 月 国立極地研究所・文部教官助教授に配置換え、以後極地研究に携わる。南極へは合計 16 回公務出張

1982 年 10 月 文部教官教授

1993 年　4 月 総合研究大学院大学教授兼任

【主な著書】

『巨大地震を生きのびる』（ロギカ書房、2023）、『世界旅行の参考書「あしたの旅」―地球物理学者と巡るワンランク上の旅行案内』（ロギカ書房、2022）、『南極情報 101』（岩波ジュニア新書、1983）、『南極の現場から』（新潮選書、1985）、『地球の中をのぞく』（講談社現代新書、1988）、『極域科学への招待』（新潮選書、1996）、『地震学者の個人的地震対策』（三五館、1999）、『地球環境を映す鏡南極の科学』（講談社ブルーブックス、2009）、『みんなが知りたい南極・北極の疑問 50』（ソフトバンククリエイテブ、2010）、『次の超巨大地震はどこか?』（ソフトバンククリエイテブ、2011）、『白い大陸への挑戦日本南極観測隊の 60 年』（現代書館、2015）、『南極の火山エレバスに魅せられて』（現代書館、2019）、『あしたの地震学』（青土社、2020）、『あしたの南極学』（青土社、2020）、『地球が学者と巡るジオパーク日本列島』（丸善、2021）、『あしたの火山学』（青土社、2021）、『あしたの防災学』（青土社、2022）、『地震と火山の観測史』（丸善、2022）他多数。

南海トラフ地震はいつ来るのか

発行日　2025年1月31日
著　者　神沼《かみぬま》 克伊《かつただ》
発行者　橋詰 守
発行所　株式会社 ロギカ書房
〒101-0062
東京都千代田区神田駿河台3-1-9
日光ビル5階B-2号室
Tel 03（5244）5143
Fax 03（5244）5144
http://logicashobo.co.jp
印刷所　モリモト印刷株式会社

978-4-911064-19-1　C0044